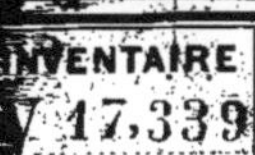

PROGRÈS RÉCENTS

DE LA

DISTILLATION

PAR

M. DÉSIRÉ SAVALLE

DISTILLATION DES MÉLASSES INDIGÈNES ET EXOTIQUES
DISTILLATION DES BETTERAVES
DISTILLATION DES GRAINS ET DES POMMES DE TERRE PAR LE MALT
ET PAR LES ACIDES
DISTILLATION DES VINS — DISTILLATION DIRECTE DE LA CANNE A SUCRE,
APPAREILS POUR LA DISTILLATION DES JUS FERMENTÉS
ET LA RECTIFICATION DES ALCOOLS
PRODUCTION DU MYTHILÈNE ANHYDRE SANS ODEUR
FRACTIONNEMENT DES BENZOLS POUR LA FABRICATION
DES COULEURS D'ANILINE.

AVEC 97 FIGURES

Prix : **12** francs.

PARIS

G. MASSON, ÉDITEUR
LIBRAIRE DE L'ACADÉMIE DE MÉDECINE
17, place de l'École-de-Médecine.

1873

PROGRÈS RÉCENTS

DE LA

DISTILLATION

PROGRÈS RÉCENTS

DE LA

DISTILLATION

PAR

M. DÉSIRÉ SAVALLE

DISTILLATION DES MÉLASSES INDIGÈNES ET EXOTIQUES
DISTILLATION DES BETTERAVES
DISTILLATION DES GRAINS ET DES POMMES DE TERRE PAR LE MALT
ET PAR LES ACIDES
DISTILLATION DES VINS — DISTILLATION DIRECTE DE LA CANNE A SUCRE.
APPAREILS POUR LA DISTILLATION DES JUS FERMENTÉS
ET LA RECTIFICATION DES ALCOOLS
PRODUCTION DU MYTHILÈNE ANYHDRE SANS ODEUR
FRACTIONNEMENT DES BENZOLS POUR LA FABRICATION
DES COULEURS D'ANILINE.

AVEC 37 FIGURES

Prix : **12** francs.

PARIS

G. MASSON, ÉDITEUR

LIBRAIRE DE L'ACADÉMIE DE MÉDECINE

17, Place de l'École-de-Médecine.

1873

MM. D. SAVALLE FILS & Cie

Ont obtenu les récompenses suivantes :

1867. — EXPOSITION UNIVERSELLE DE PARIS

MÉDAILLE D'OR

1868. — EXPOSITION INTERNATIONALE DU HAVRE

DIPLOME D'HONNEUR

1869. — CONCOURS RÉGIONAL AGRICOLE DE NANCY

MÉDAILLE D'OR

1872. — EXPOSITION D'ÉCONOMIE DOMESTIQUE A PARIS

HORS CONCOURS

M. D. SAVALLE a été nommé Membre du Jury des récompenses
du groupe V.

1872. — EXPOSITION UNIVERSELLE DE LYON

HORS CONCOURS

M. D. SAVALLE a été élu, par les exposants, *Président* du Jury des
récompenses de la classe 42.

M. DÉSIRÉ SAVALLE *se tient à ses bureaux*, 64, Avenue du Général Uhrich, *à la disposition de toutes les personnes qui voudraient lui demander, par écrit ou verbalement, des renseignements ou des conseils.*

INTRODUCTION

La production des alcools forme avec la fabrication du sucre et la préparation du tabac la source la plus abondante du fisc dans la répartition des impôts indirects. Les droits sur les trois-six s'élèvent approximativement à cent cinquante millions de francs. De 90 francs par hectolitre, l'impôt a été élevé, par une loi de l'Assemblée nationale, votée en 1872, à 150 francs. Bien que depuis l'application de cette loi, les revenus aient diminué, tant il est vrai qu'en matière de contributions 2 et 2 ne fassent pas toujours 4, comme en arithmétique, mais produisent souvent 1 comme résultat, l'impôt sur les alcools est resté l'impôt qui, par excellence, remplit le plus régulièrement et le plus amplement les caisses de l'État.

Non-seulement il faut considérer aujourd'hui la production des alcools au point de vue de l'impôt, mais encore et surtout sous le rapport des services que les distilleries rendent à la prospérité de l'agriculture nationale. En effet, la distillation est une industrie rurale, s'il en fut jamais. Soit qu'elle se pratique dans la ferme ou qu'elle s'installe au dehors, elle fournit toujours à l'agriculture la nourriture la plus économique et la plus apte à l'engraissement du bétail. Elle produit de la viande à bon marché, elle procure en outre à un prix peu élevé, et sur une grande échelle, le fumier indispensable à une culture bien entendue, et elle restitue à la terre tous les éléments nécessaires à la conservation de sa fertilité. La distillerie est donc l'auxiliaire le plus puissant de l'agriculture ; des contrées arides ont été par elle rendues fécondes et florissantes. Les terres donnent, avec son aide, le maximum de production et de revenu.

Quand la mauvaise saison arrive et que les travaux des champs cessent, la distillerie est là qui fournit du travail aux ouvriers des campagnes. Les hivers sont dans certaines contrées durs et pénibles à traverser pour les pauvres gens sans occupation ; dans les pays où la distillerie existe, l'ouvrier n'a pas à mendier son pain, il peut gagner honorablement sa vie, car il a du travail comme en été. Nos voisins d'outre-Rhin ont mieux compris que nous l'importance des distilleries : ils en possèdent aujourd'hui à peu près 16,000, tandis que la France en compte à peine 700. Il nous reste donc beaucoup à accomplir dans cette voie.

Dans l'industrie, dans la science, dans la matière médicale, dans le commerce, les alcools tiennent une place importante. L'abus même qu'on en peut faire dans la consommation — abus déplorable — prouve l'impérieuse nécessité de maintenir notre fabrication à la hauteur de celle des trois-six étrangers. Aliment respiratoire par excellence, indispensable à l'entretien de la vie animale, à la conservation de la santé, l'alcool est un produit qu'il faut sans cesse améliorer.

C'est dans ce but que nous avons toujours travaillé, et qu'héritier d'un homme qui a consacré sa vie et ses labeurs aux progrès de l'industrie des alcools, tous nos efforts tendent non-seulement à garder intacte la réputation acquise aux découvertes d'Amand Savalle, mais encore à contribuer par nos recherches personnelles aux progrès nouveaux accomplis par l'art de la distillation.

Nous voulons montrer aux fabricants, dont les appareils laissent aujourd'hui à désirer, tous les perfectionnements créés dans ces derniers temps, et nous voulons leur indiquer les bénéfices qu'ils réaliseront en modifiant leur ancien matériel. En agriculture comme en industrie, il est prouvé désormais que l'argent, intelligemment appliqué, profite largement à celui qui a eu confiance et qui ne s'est pas laissé arrêter par un sentiment de mesquine économie. Le progrès nous entraîne aujourd'hui ; il faut marcher avec lui, imiter l'exemple du voisin, qui transforme son outillage pour obtenir une production supérieure en qualité et en quantité, ou bien il faut se résigner au triste spectacle de voir les autres s'enrichir, tandis que soi-même on va à la ruine.

Les industries annexées aux fermes mènent à l'abondance, et à la fortune; elles élèvent la production de la viande, dont la consommation devient universelle; elles répandent autour d'elles le bien-être et la prospérité, et retiennent aux champs les bras dont l'agriculture ne peut se passer, malgré les admirables machines qui sont à sa disposition. L'avenir des distilleries rurales est donc immense. En Allemagne et en Angleterre, les grands propriétaires ont déjà prévu les résultats si féconds qu'elles doivent donner; ils montent aujourd'hui des établissements dont les appareils sont empruntés à notre système français. Que nos agriculteurs ne se laissent pas devancer par la concurrence étrangère, et qu'ils se souviennent que la distillation est une industrie éminemment nationale, et qu'elle peut contribuer à arrêter l'immigration si désastreuse des ouvriers des campagnes dans les villes.

Les nombreuses demandes de renseignements qui nous sont journellement adressées, relativement à la création et au fonctionnement des distilleries de différentes espèces, nous ont conduit à réunir dans une brochure les renseignements les plus essentiels pour bien établir et bien mener une usine. Le lecteur trouvera dans notre travail des notions pratiques que nous nous sommes appliqué à exprimer clairement, sur :]

1°. — **La distillation des mélasses indigènes et exotiques;**

2°. — **La distillation de la betterave;**

3°. — **La distillation des grains, des pommes de terre, par le malt ou par les acides;**

4°. — **La distillation des vins ;**

5°. — **La distillation directe de la canne à sucre ;**

6°. — **Les appareils pour la distillation des jus fermentés;**

7°. — **Les appareils pour la rectification des alcools;**

8°. — **La nouvelle fabrication du mithylène anhydre et sans odeur;**

9°. — **Le fractionnement des benzols pour la fabrication des couleurs d'aniline.**

Nous avons relaté non-seulement les perfectionnements successifs réalisés dans la construction de nos appareils, mais encore nous avons exposé les progrès les plus marquants accomplis durant ces dernières années dans le travail général des distilleries.

Nous espérons que ces pages seront parcourues avec intérêt par les distillateurs, ainsi que par les personnes qui se proposent d'établir des usines dans un temps plus ou moins rapproché. Les distillateurs de tous les pays y trouveront un chapitre spécial traitant du genre de distillation pratiqué le plus avantageusement chez eux, par suite de la matière première produite dans leur contrée et se rattachant à la culture de leur sol. Ils y verront aussi les importations qu'ils pourront adopter avec fruit.

Les climats tempérés, où l'eau ne manque pas, trouveront toujours un bénéfice immense dans l'introduction de la culture et de la distillation de la betterave. Notre maison a installé les premières usines de ce genre en Autriche, en Angleterre, en Hollande et en Italie. Les contrées sablonneuses feront bien de s'adonner de préférence à la distillation des pommes de terre. Les pays où la température est plus élevée et régulière devront se consacrer à la culture et à la distillation de la canne à sucre et des mélasses provenant des fabriques de sucre de canne.

Nous donnons dans cette notice, pour chaque distillation distincte, des ensembles et des devis d'usines spéciales avec le détail général du fonctionnement. Ces renseignements suffiront pour étudier une installation. Quand il faut arriver à l'exécution, nous procurons des plans complets et nous envoyons sur place des hommes parfaitement au courant, qui sont chargés de surveiller le montage des appareils et de conduire leur mise en train. Ces hommes restent sur les lieux tout le temps nécessaire pour mettre le personnel local au courant du travail. Les nombreuses distilleries que nous avons établies à l'étranger témoignent de la sûreté de notre mode d'opération. En France, les usines les plus importantes, et qui donnent les meilleurs résultats, sont montées par notre maison. Ces faits parlent assez haut en faveur de nos appareils pour que nous n'ayons pas besoin de les commenter.

CHAPITRE PREMIER

DISTILLATION DES MÉLASSES

INDIGÈNES ET EXOTIQUES

I

DISTILLATION DES MÉLASSES INDIGÈNES.

---

§. I. — **Distillation des mélasses provenant des sucreries de betteraves**.

La distillation des mélasses a produit cette année (1872), en France, 49,343 hectolitres d'alcool. C'est donc une belle et grande industrie agricole qui se rattache intimement à celle de la fabrication du sucre ; elle mérite une étude spéciale et détaillée de notre part.

La première condition de réussite des distilleries est certainement d'être bien montées et d'avoir de bons appareils : — il faut que la colonne distillatoire soit d'un système parfait, pour permettre l'épuisement régulier et économique de l'alcool obtenu par une bonne fermentation ; on perd dans les anciennes distilleries beaucoup d'alcool par les colonnes qui fonctionnent irrégulièrement. Il faut un bon appareil de rectification des alcools, qui fournisse des produits excellents. Mais il faut aussi porter tous les soins et appliquer son intelligence aux opérations qui précèdent la distillation, et nous rendrons service aux distillateurs en

leur parlant ici de la nouvelle méthode de fermentation des mélasses et des autres perfectionnements réalisés dans cette branche
spéciale de la distillation.

§ II. — **Fermentation des mélasses**.

Nous mentionnerons, d'abord, le procédé indiqué et mis en
pratique par M. Corenwinder, un de nos meilleurs chimistes du
Nord. — Ce procédé consiste en un dosage spécial de l'acide
sulfurique dans les mélasses préparées à la fermentation, dosage
par lequel il est arrivé à augmenter de *deux à trois pour cent* le rendement alcoolique des mélasses. Afin de bien donner sa méthode,
nous l'empruntons textuellement, telle qu'il l'a décrite en 1867,
lors de l'Exposition universelle, dans son rapport sur l'industrie
du Nord :

« La distillation des mélasses a précédé celle des betteraves.
Dans l'origine de la création de l'industrie sucrière, ce résidu était
sans emploi.

» Un éminent chimiste « **M. Dubrunfaut** » a, le premier, tiré parti
des mélasses, en les soumettant à la fermentation. Non-seulement
il nous a appris comment on en fait de l'alcool, mais en évapo-
rant le résidu de la distillation, en le calcinant, il a vu qu'on
pouvait en extraire des sels de potasse et de soude, et il a indiqué les procédés à suivre pour faire la séparation de ces sels
avec avantage.

» La fermentation des mélasses s'opère généralement de la manière suivante :

» On commence par étendre la mélasse avec de l'eau, jusqu'à
ce que le mélange ait une densité de 1055 à 1060 et une température de 22° centigrades en été, 24° en hiver. On y ajoute ensuite
de l'acide sulfurique, puis de la levûre de bière, délayée au préalable
dans de la dissolution de mélasse déjà étendue.

» La quantité d'acide sulfurique que l'on emploie dans cette opération varie suivant les vues de l'industriel. Par suite d'une longue pratique de cette industrie et d'expériences chimiques multipliées, nous avons adopté pour provoquer la fermentation des mélasses de betteraves, par 100 kilos de mélasse à 40 degrés B. :

1 kilog. 500 de levûre pressée (1).

1 kilog. 500 d'acide sulfurique à 66°.

» Avec ces proportions, que nous avons rarement dû modifier, l'on obtient une fermentation régulière et un rendement maximum d'alcool bon goût.

» L'acide que l'on emploie dans cette opération a non-seulement pour but de saturer les bases, mais il faut encore qu'il y en ait un léger excès dans le moût pour opérer la transformation du sucre cristallisable en sucre déviant à gauche la lumière polarisée, état sous lequel le premier doit passer avant de se transformer en alcool (2).

» D'après nos recherches, on peut apprécier expérimentalement la quantité d'acide nécessaire pour opérer convenablement la transformation du sucre en alcool : il suffit de déterminer, à l'aide d'une liqueur alcaline titrée, l'acidité, avant la fermentation, du moût préparé, et celle du même moût lorsque la fermentation est terminée. Il importe nécessairement que cette modification ait suivi son cours d'une manière régulière, car si le vin était devenu fortement acide, il y aurait alors dans les manipulations un vice

---

(1) D'après nos analyses, une bonne levûre de bière desséchée au préalable à 11° contient :

Azote. . . . . 8,864 0/0.
Acide phosphorique . . . . 0,927 »

Les cendres ne renferment qu'une très-faible proportion de chaux. Ce caractère, ainsi que nous l'avons fait observer il y a longtemps, est particulier encore au pollen des fleurs, à la liqueur séminale et à la laitance des poissons.

(2) Cette transformation préalable ne s'effectue pas *tout d'une pièce* au commencement de la fermentation, comme on pourrait le supposer; elle a lieu successivement et suit une progression dont les termes nous paraissent variables.

En examinant de deux heures en deux heures, à l'aide du saccharimètre, du jus de betteraves en fermentation, nous y avons trouvé, à chaque observation, du sucre susceptible d'être interverti par les acides, c'est-à-dire du sucre de betteraves non encore modifié. Deux heures avant la fin de la fermentation, la quantité de sucre *intervertissable* était encore fort sensible. Nous entrerons ailleurs dans plus de détails sur ce sujet.

qu'il faudrait rechercher. La différence entre la seconde détermination et la première, si elle est sensible, fait connaître la quantité d'acide sulfurique qui équivaut à la proportion d'acides organiques formée. Il suffit, dès lors, pour empêcher complétement ou à peu près cette formation d'acides organiques, d'augmenter de cette différence la dose primitive d'acide sulfurique destinée à favoriser la fermentation.

» Empêcher la production des acides organiques pendant la fermentation est une chose très-essentielle, car non-seulement ils se forment aux dépens de l'alcool et diminuent d'autant le rendement, mais encore, lorsque le vin est soumis à la distillation, ces acides agissent sur l'alcool, produisent des éthers très-volatils, qui augmentent considérablement la quantité d'esprit mauvais goût qui coule au commencement de la rectification. L'alcool bon goût lui-même n'est pas parfait, il conserve une odeur piquante qui le fait rejeter par les consommateurs.

» On peut objecter évidemment que l'addition d'une quantité un peu forte d'acide minéral dans le moût de mélasse tend à produire plus de sulfates et à diminuer d'autant la quantité d'alcalis carbonatés dans les salins que l'on fabrique ultérieurement avec les vinasses résidus de la distillation. Cet inconvénient est réel, mais il a peu d'importance du moment qu'en prévenant la formation des acides organiques, on obtient un rendement plus élevé en alcool et des produits d'un goût plus recherché.

» Aujourd'hui, beaucoup de distillateurs de mélasse ont adopté la méthode de fermentation continue, c'est-à-dire qu'ils versent graduellement le moût additionné d'acide et de levûre dans la cuve, après avoir mis dans celle-ci une certaine quantité de vin prélevée dans une autre cuve en pleine fermentation.

» La fermentation de la mélasse étant terminée, on procède à la distillation de l'alcool, puis à la rectification.

» Les résidus de la distillation sont évaporés ensuite et incinérés dans des fours ; on obtient ainsi un salin qui est gris, léger, poreux, lorsqu'il est bien préparé.

» On peut évaluer approximativement que 1000 grammes de vinasses sortant de l'appareil à distiller peuvent produire 27 à

28 grammes de salin brut, dont la composition varie suivant l'origine des mélasses.

» Dans le tableau suivant, nous avons représenté des analyses de salin brut de mélasses, faites par différents chimistes ou par nous-même.

COMPOSITION COMPARATIVE

DES SALINS BRUTS EXTRAITS DES MÉLASSES DE BETTERAVES.

	ALLEMAGNE	PUY-DE-DÔME	DÉPARTEMENT DE L'AISNE	DÉPARTEMENT DU NORD
Carbonate de potasse....	43.71	55.82	45.30	30.37
Carbonate de soude.....	14.20	5.54	13.86	21.49
Chlorure de potassium..	15.52	8.85	17.02	19.31
Sulfate de potasse.......	8.05	17.59 (2)	8. »	10.91
Eau, charbon, matière insoluble.............	18.52 (1)	15.28	15.28	17.92
	100.00	100.00	100.00	100.00 (3)

Il nous reste à signaler dans la distillation des mélasses un système qui a supprimé en grande partie cette énorme dépense nécessitée par l'emploi exclusif de la levûre de bière pour la mise en fermentation. — Toutes les distilleries de mélasse bien montées ont aujourd'hui deux ou un plus grand nombre de cuves à saccharifier, dans lesquelles elles réduisent à l'état de sirop par la cuisson prolongée, en présence d'eau et d'acide sulfurique, soit des grains ou même des résidus de féculerie de pommes de terre.

(1) Cette potasse brute était mal cuite ; elle contenait 12 0/0 de charbon. Elle eut été nécessairement plus riche si elle avait été mieux incinérée.

(2) La proportion de sulfate de potasse ne dépend pas seulement de la betterave, elle varie, dans les salins, suivant la quantité d'acide sulfurique employée pour mettre les mélasses en fermentation.

(3) Les chiffres relatifs aux départements de l'Aisne et du Nord représentent les moyennes de plusieurs analyses.

Les sirops ainsi obtenus sont mélangés aux fermentations de mélasse, *et fournissent à celle-ci la majeure partie de la levûre et l'acide sulfurique nécessaires à un bon travail.* La quantité de maïs, de riz, de seigle ou d'autres grains ainsi employés est d'environ dix pour cent du poids de la mélasse ; certaines fabriques mettent même une proportion plus grande ; il n'y a pas d'inconvénients à l'augmenter, si les grains employés sont à un prix qui permette de les distiller. — Mais quand la quantité de maïs mise en travail devient importante, nous engagerions beaucoup nos clients à employer le procédé breveté de M. Tilloy-Delaume de Courrières, procédé par lequel on tire des grains distillés, par la saccharification à l'acide, un engrais excellent pour le sol. La distillerie de Courrières, qui est la plus grande du continent pour la distillation des mélasses, a vendu l'an dernier pour plus de 200,000 francs de cet engrais, séché à l'état de guano sous la dénomination de guano Arthésien.

§ III. — **Engrais extraits des résidus de distillerie.**

Le procédé de M. Tilloy-Delaume consiste à recueillir les matières azotées que renferment les vinasses de distillation de grains, par l'acide, en faisant couler ces vinasses dans des citernes et en les y laissant au repos pendant plusieurs jours. La majeure partie des substances azotées se précipite, et, quand le liquide supérieur s'est éclairci, on le fait décanter. Le dépôt égoutté à l'air d'abord est desséché ensuite à l'aide de la chaleur. Il se présente sous forme d'une matière pulvérulente de couleur gris noirâtre, presque sèche et dont le transport est conséquemment très-facile.

Plusieurs analyses de ce produit ont été faites par de bons chimistes — Voici celle à laquelle nous attachons le plus d'importance, parce qu'elle a été faite par un chimiste industriel du Nord très-estimé, M. B. Corenwinder, et qu'elle a été présentée par lu dans un rapport au Comice agricole de Lille.

```
Eau ..................................................    8.50
Matières organiques...................   69.54
Azote (moyenne, deux analyses).......    4.26
                                        73.80    73.80
Matières minérales....................           17.70
                                                ------
                                                100.00
```

Azote dans 100 parts matière sèche 4.71.

De cette analyse, on peut conclure que l'engrais extrait du maïs a une valeur fertilisante, qui se rapproche de celle des tourteaux de graines oléagineuses qui contiennent souvent moins de 5 0/0 d'azote. Cet engrais de maïs renferme en outre une proportion très-notable de phosphate et de sel de potasse, éléments qui concourent, avec les substances azotées, à la nutrition des plantes.

Tout produit nouveau doit, pour se faire connaître, se vendre à bon marché ; l'usine de Courrières a bien compris cela, en ne vendant son nouvel engrais que 15 francs les 100 kilogrammes, quand sa valeur comparée aux autres engrais est de 20 à 25 francs. Les frais de fabrication s'élèvent à 3 francs les 100 kilogrammes. On obtient par 100 kilogrammes de maïs de 20 à 25 kilogrammes de résidus.

M. A. Tilloy-Delaume nous a autorisés à céder, par licences, son procédé à nos clients qui montent des distilleries de grains par l'acide, ainsi qu'aux autres usines de ce genre déjà installées. — Nous donnerons donc à cet égard tous les renseignements qu'on voudra bien nous demander.

§ IV. — Lavage méthodique des résidus de pommes de terre destinés à la distillation.

Dans quelques distilleries de mélasses, et notamment chez M. Bourdon, à Remy près Compiègne, on mélange dans les fermentations de mélasses, les sirops provenant de la saccharification des résidus de féculeries de pommes de terre ; ces résidus se vendent à bon compte ; on peut les travailler avec avantage quand on est à proximité des féculeries.

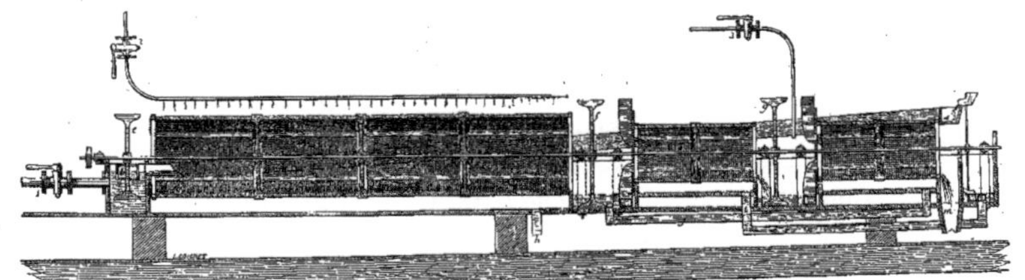

Fig. 1. — Appareil de lavage méthodique de M. Ed. Bourdon.

Il y a quelques années, on avait même voulu monter des distilleries, opérant spécialement la distillation de ces résidus. Elles n'ont, à cette époque, donné que des résultats négatifs, parce que ces résidus, qui sont une matière obstruante par excellence, bouchaient constamment les conduits des cuves, des pompes et des appareils. De plus, la dépense d'acide et de combustible était très-grande, les fermentations de résidus sans addition de mélasses étant trop pauvres, trop étendues d'eau.

Nous devons à un ingénieux appareil de lavage méthodique, combiné par M. Edmond Bourdon, de pouvoir enfin distiller d'une manière pratique les résidus de féculeries de pommes de terre. Cet appareil est représenté figure 1 ; il a pour résultat de séparer complétement des résidus saccharifiés, le parenchyme de la pomme de terre.

Il se compose de trois cylindres filtrants A B C, garnis de toile métallique, montés sur un arbre de transmission, et mis en mouvement par une poulie située à l'une des extrémités. — Devant chaque cylindre est ménagée une auge, munie d'un agitateur, et de plus, pour les deux derniers, il y a un élévateur qui alimente par le centre, le cylindre filtrant.

L'appareil reçoit les sirops venant des cuves à saccharifier par le robinet n° 1 dans l'auge du premier cylindre filtrant ; il y est agité par les palettes et déborde dans le cylindre de filtration A. La partie liquide du sirop traverse la paroi filtrante de ce cylindre et se rend par H à la cuve de mélange précédant celles de fermentation.

Comme il arriverait que les parois de tissu métallique du cylindre filtrant A seraient bientôt obstruées par les parenchymes qui s'y attachent, M. Bourdon a mis au-dessus de ce cylindre un tube percé de trous recevant de l'eau à une pression de plusieurs mètres par le robinet n° 2. Ces jets d'eau donnés en A extérieurement entretiennent en parfait état de propreté la toile métallique filtrante. Les parenchymes sortent du premier cylindre pour tomber dans l'auge du cylindre B ; là, un agitateur C les mélange avec les eaux de lavage venant par J du troisième cylindre ; les parenchymes lavés une seconde fois tombent dans l'auge du cylindre C, où elles sont mélangées par les palettes G avec de l'eau pure donnée par le robinet n° 3. — Ces parenchymes lavées trois fois et épuisées de sirop, sortent de l'appareil par M ; elles sont séchées et vendues pour faire des emballages. Le liquide provenant du second lavage passe par T et est élevé par le système K, pour être ramené par une rigole L avec les sirops venant de la saccharification dans le cylindre A.

On obtient, par l'appareil de lavage de M. E. Bourdon, des sirops parfaitement propres, débarrassés de matières encombrantes et se distillant parfaitement mélangés avec les mélasses. — Ces résidus de pommes de terre contiennent beaucoup de levûre et contribuent à obtenir la fermentation complète des mélasses. Un seul point est à observer lorsqu'on fait ce travail : c'est d'employer des résidus de pommes de terre frais, sans être altérés ; leur altération amenant des mauvais goûts dans les alcools.

Nous engageons beaucoup ceux de nos clients qui désireraient installer le travail de la saccharification des résidus de féculerie à se procurer l'appareil de lavage méthodique de M. E. Bourdon, qui seul permet ce travail dans de bonnes conditions.

§ V. — **Fabrication de la potasse.**

Les distilleries de mélasses dépensaient des quantités de charbon considérables pour évaporer l'eau contenue dans les vinasses et pour les porter au degré de densité requis à leur incinération Nous avons, il y a quelques années, exécuté un appareil d'évaporation à triple effet et sans l'aide du vide ; cet appareil procure 40 0/0 d'économie dans le combustible employé à l'évaporation. Nous avons cessé de le propager, parce que l'acide contenu dans les vinasses ronge les métaux et nécessitait trop de frais de réparations ; sans cet inconvénient, notre appareil est parfait, considéré comme évaporateur.

M. Eugène Porion, un de nos plus grands distillateurs, est venu modifier complétement le travail de la fabrication des potasses brutes, et cela par la création d'un nouveau système de

Fig. 2. — Vue générale des fours du système de M. Porion pour la fabrication des potasses brutes.

four d'évaporation, où les chaleurs perdues de l'incinération sont employées à l'évaporation des vinasses ; on s'imagine aisément l'énorme avantage qui résulte de ce nouveau système. Aussi, s'est-il rapidement propagé dans toutes les distilleries de mélasses de France, de Belgique et de Hollande.

Nous avons demandé et obtenu de M. Porion, pour notre brochure, un cliché spécial de son four à potasse que nous reproduisons dans la figure 2.

Le système de four de M. Eugène Porion se compose de deux parties distinctes. La première, qu'il désigne *carneau d'évaporation*, et qui comprend la moitié du four située du côté de la cheminée, se compose d'une vaste chambre dont le fond est à environ 1ᵐ 20 au-dessus du sol extérieur ; cette chambre est traversée dans le sens de sa largeur par deux arbres de transmission creux et armés de palettes, qui ont pour fonction de projeter avec force et de réduire à l'état de gouttelettes une couche de vinasses d'environ vingt centimètres, alimentée dans la chambre d'évaporation.

Cette dernière se trouve ainsi remplie d'une pluie de vinasses dont l'évaporation s'opère au moyen des gaz et de la chaleur perdue, qui s'échappe des fours à incinérer. Le produit de l'évaporation est appelé au dehors par la cheminée à grande section située au bout du four.

La seconde partie du système est formée des fours à incinérer, précédés chacun d'un foyer ; la vinasse concentrée dans l'évaporateur est introduite dans ces fours et s'y trouve incinérée. Dans l'un des fours représentés (fig. 2.), on voit l'ouvrier remuer la potasse pour qu'elle s'incinère bien régulièrement et pour activer l'échappement des gaz qu'elle dégage ; d'un autre four, plus loin, on voit extraire la potasse ; elle est ensuite portée en tas pour achever son incinération, et enfin, lorsqu'elle est refroidie, on la met en barils pour la livrer au commerce. Ces potasses brutes sont achetées au degré de carbonate par les raffineurs de potasse ou par les savonniers.

D'après des expériences sérieuses, faites par des gens désintéressés et dignes de foi, on arrive dans le four Porion à évaporer environ 13 *litres d'eau par kilogramme de houille brûlée.* Aucun système d'évaporation n'était jusqu'ici arrivé à ce résultat, puisque dans les générateurs on ne produit que de 5 à 8 kilog. d'évaporation par kilogramme de houille, et que l'on perd nécessairement en transmettant cette chaleur aux appareils d'évaporation.

Le coût d'établissement d'un de ces fours, appliqués à une usine produisant par jour 4,000 litres d'alcool est d'environ :

1° La cheminée et la partie désignée évaporateur..........Fr.   4.600   »
2° Les fours et foyers d'incinération........................   4.100   »

TOTAL..............................Fr.   8.700   »

Pour une usine produisant 2,800 litres d'alcool, soit un travail de 10,000 kilog. de mélasse par jour, cette dépense totale n'est que de 6,000 francs environ ; le four Porion coûte peu, en raison de la grande économie de combustible qu'il produit, et se trouve bientôt payé par cette économie.

Plusieurs tentatives ont été faites dans ces derniers temps pour remplacer le four Povion, qui a ses détractions comme toute bonne chose ; aucun de ses essais plus ou moins coûteux, n'a réalisé l'économie de combustible obtenue par son devancier.

§ VI. — Chauffage tubulaire appliqué à la distillation des mélasses.

Le mode le plus simple de chauffage des colonnes distillatoires, est celui qui consiste à introduire directement la vapeur des générateurs dans le pied de ces colonnes.

Nous adoptons ce mode pour la distillation de tous les produits, excepté pour celle des mélasses provenant des sucreries de betteraves, où il est urgent d'éviter le mélange des vapeurs d'eau, qui viendraient étendre la masse liquide des vinasses. En effet, ces vinasses devant être concentrées, pour en extraire les sels de potasse, on doit éviter d'augmenter la proportions d'eau qu'elles contiennent.

On a pendant longtemps, et nous aussi, chauffé les colonnes distillatoires des distilleries de mélasses au moyen de serpentins plus ou moins bien faits, dans lesquels on fait passer la vapeur des générateurs. Ces serpentins avaient le défaut de se salir, et plus encore de se détériorer promptement : ils étaient posés dans une chaudière située sous la colonne ; et nécessitaient le démontage de tout l'appareil, quand il fallait les tirer de là, pour les réparer. Enfin, il fallait établir des chaudières solides d'un grand prix, capables de supporter le poids de la colonne et du liquide qu'elle contient. Nous avons combiné une disposition qui obvie avantageusement à ces divers inconvénients. Elle est représentée par les figures 3 et 4 en élévation extérieure et coupe intérieure.

Cette disposition est tubulaire, elle est posée à côté de la colonne et a l'avantage de pouvoir s'appliquer aux appareils que nous avions d'abord construits et livrés pour distiller les jus de betteraves : de plus, le nettoyage et la réparation des tubes contenant les vinasses, est facile en démontant le joint $u\,v$. — On pourrait même, dans les grandes usines, avoir une partie tubulaire G de rechange, pour les cas de réparations urgentes.

La vapeur de chauffe des générateurs, arrive au régulateur de vapeur F par le conduit i ; elle se jette autour de la paroi extérieure des tubes de chauffage ; elle cède son calorique à la vinasse contenue dans les tubes, et sort condensée par le robinet de purge 8, pour traverser un extracteur de vapeur condensée, ou encore pour rentrer directement dans les générateurs, si la différence de son niveau est assez élevé au-dessus de ces derniers.

Les vinasses arivent à continu de la colonne, par le tube x, emplissent la série tubulaire et sortent à continu par le robinet 7 ; un tube niveau d'eau 10 sert à régler la vinasse dans le système de chauffage, et les vapeurs produites se rendent à l'appareil distillatoire par le conduit recourbé y qui sert en outre à abattre les mousses entraînés par l'évaporation. Un gros tube z, situé au milieu du faisceau tubulaire, aide la circulation de la vinasse, qui est élevé par l'ébullition à la partie supérieure des tubes ; et est ramené par l'entonnoir et le tube z à la partie inférieure du tubulaire.

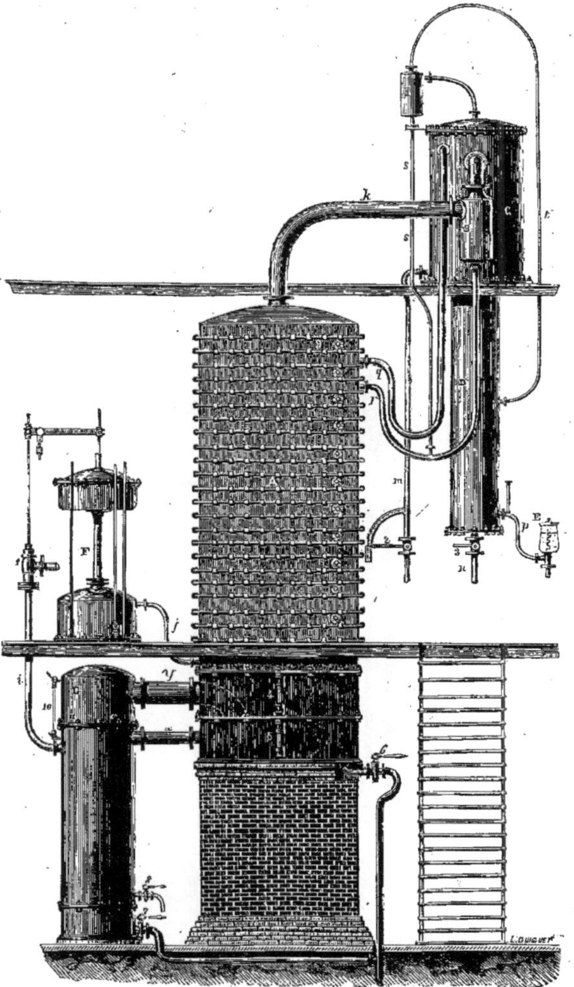

Fig. 3. — Colonne distillatoire rectangulaire en cuivre, avec chauffage tubulaire
appliqué à la distillation des mélasses de betteraves.

Ce système de chauffage, dont le prix vient nécessairement s'ajouter à celui de l'appareil, est peu coûteux, en proportion de la dépense nécessitée par les chaudières en cuivre, et les serpentins qu'il remplace très-avantageusement.

Nous ne répétons pas ici la description des autres parties de la colonne distillatoire, figure 3, qui ne diffère de celle représentée figure 26, qu'en ce qu'elle est construite entièrement en cuivre. Quelques fabricants préfèrent ce métal pour distiller les vins de mélases très-chargés d'acide. Pour notre part, nous voyons des colonnes distillatoires en fonte, résister très-longtemps

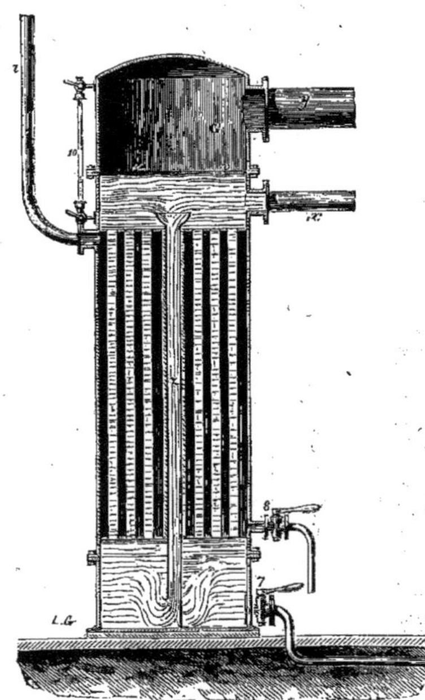

Fig. 4. — Vue intérieure du système de chauffage tubulaire pour les colonnes Savalle appliquées à la distillation des mélasses.

même pour ce genre de distillation, mais nous laissons à nos clients le choix du métal à employer dans la construction de leurs appareils; et lorsqu'il s'agit de monter des usines au loin, la question de transports, qui est importante sur la fonte de fer, nous fera toujours donner la préférence aux appareils entièrement en cuivre.

§ VII. — Générateur semi-tubulaire de MM. Ed. Victoor et Eug. Fourcy.

L'économie de combustible obtenue par l'emploi des chaudières tubulaires, a fait que depuis longtemps on cherche à les appliquer dans l'industrie; mais cette application a généralement échoué.

Les causes de cet insuccès sont multiples : 1° La disposition des foyers métalliques est défectueuse, ils s'incrustent intérieurement par le tartre et on ne peut les nettoyer ; puis leurs parois constamment exposées au coup de feu direct de la flamme, se gondolent et se détériorent en peu de temps ;

2° La contenance d'eau des chaudières tubulaires est trop faible,— et quand beaucoup de vapeur est employée à la fois, pour chauffer des appareils : il en résulte un brusque abaissement du niveau d'eau dans la chaudière ; — il y a alors danger de brûler les tubes du générateur ; ou si le mal ne va pas si loin, il y a en tout cas — le grave inconvénient d'un abaissement subit de pression de vapeur occasionné par l'alimentation abondante d'eau dans le générateur ;

3° On a souvent voulu employer les générateurs tubulaires avec des eaux très-calcaires, c'est là toujours une grave erreur, car aussitôt que les surfaces de chauffe sont chargées de tartre il n'y a plus d'économie de combustible ;

4° Enfin beaucoup de maisons ignorent encore la manière de fixer convenablement aux plaques tubulaires les tubes des générateurs ; et ces derniers se courbaient par la dilatation.

Nous n'avons jusqu'ici obtenu de bons résultats pour nos installations que par les générateurs semi-tubulaires de MM. Ed.

Victoor et Eug. Fourcy. Ce sont des constructeurs de beaucoup de mérite et qui ont étudié avec soin les défauts des générateurs tubulaires pour les éviter dans leur système. — Nous représentons ce générateur, figure 5. — C'est une combinaison parfaite des anciennes chaudières à bouilleurs et des générateurs tubulaires, d'où résulte :

1º La suppression du foyer défectueux de l'ancien générateur tubulaire ;

2º Une contenance d'eau assez grande dans le générateur, pour parer aux moments de grands débits de vapeur ;

3º Une grande facilité de nettoyage du générateur ; et une bonne disposition de l'alimentation, qui se fait d'abord, dans la partie A, pour y laisser séjourner le peu de tartre que contient l'eau, et communiquer ensuite par J de l'eau épurée dans la section tubulaire B.

Ces générateurs donnent d'excellents résultats depuis six ans qu'ils sont installés dans les distilleries et dans les sucreries, on y constate une économie de combustible de 25 0/0. — Ces générateurs fournissent par kilogramme de houille de 8 à 8 1/2 kilog. d'évaporation, au lieu de 5 kilog. obtenus par les générateurs à bouilleurs.

Nous avons été à même d'étudier de très-près ce système, et sur une force de quatre cents chevaux, dans l'application que nous en avons faite en Angleterre, au montage de la distillerie de M. Robert Campbell. — M. Howard et d'autres grands ingénieurs anglais sont unanimes sur la valeur de ces générateurs. — Nous engageons donc beaucoup les fabricants à employer le semi-tubulaire de MM. Ed. Victoor et Eug. Fourcy ; chaque fois, bien entendu, qu'ils auront à leur disposition de l'eau de rivière ou d'autre source, mais qui ne soit pas calcaire. — L'économie obtenue étant très-importante, surtout depuis la hausse du prix de la houille.

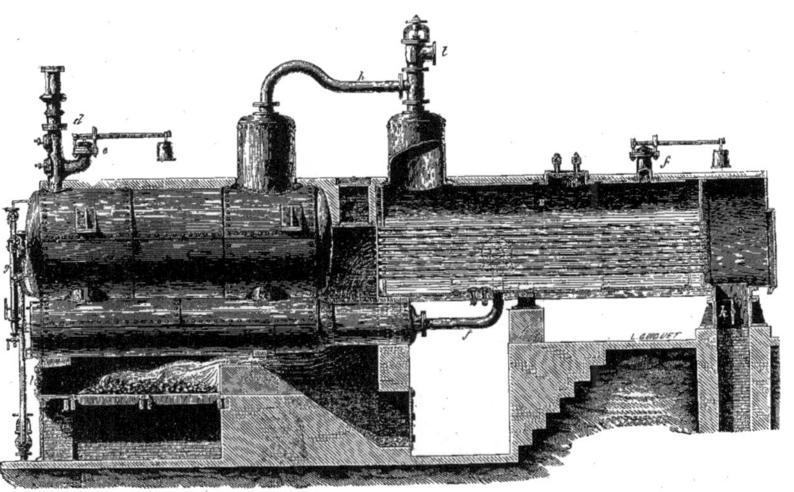

Fig. 5. — Générateur semi-tubulaire de MM. Ed. Victoor, et Eugène Fourcy.

§ VIII. — Ensemble d'une distillerie de mélasses.

Nous donnons ici le plan et le devis d'une distillerie traitant journellement 10,000 kilogrammes de mélasse, et produisant environ 2,000 litres d'alcool fin, et 1,000 kilogrammes environ de potasse brute. C'est l'usine la plus petite de ce genre que nous engagions à monter. A partir de cette quantité, nous en avons installé de toutes les dimensions ; la plus grande produit par jour 50 pipes, soit 310 hectolitres d'alcool, ce qui correspond au travail énorme de 110,000 kilogrammes de mélasses en 24 heures.

Fig. — 6. — Vue en élévation d'une distillerie de mélasse pour un travail quotidien de 10,000 kilog. avec production de potasse, par le four de M. Eugène Porion.

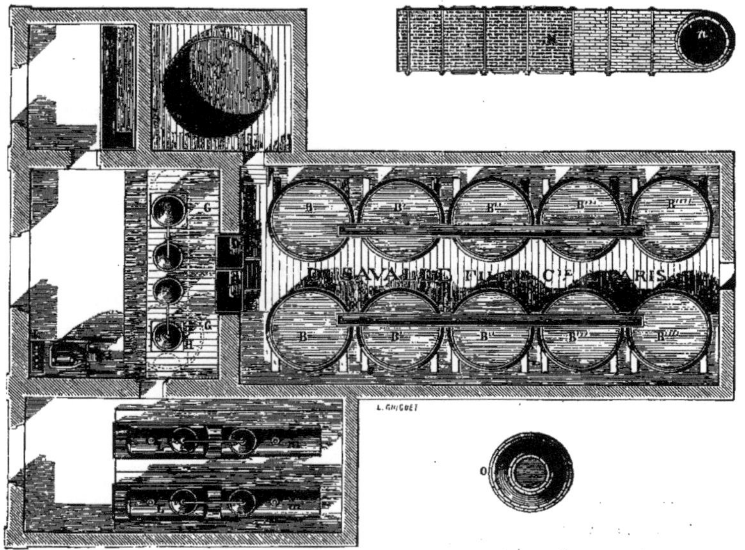

Fig. **7**. — Vue en plan de la distillerie de mélasse avec annexe d'un four à potasse, de M. Eug. Porion.

Voici la légende explicative des figures 6 et 7 :

A. — Cuve à mélange, où l'on met la mélasse au point requis pour une bonne fermentation. On la délaye à cet effet avec de l'eau, pour la porter à 5 1/2 degrés du densimètre, et on porte la température du mélange de 24 à 26° centigrades. C'est aussi dans cette cuve que l'on met l'acide sulfurique nécessaire à la fermentation ; le dosage de cet acide diffère suivant le degré d'alcalinité des mélasses.

B, B', B", etc. — Dix cuves de cent quatre-vingts hectolitres chaque pour la fermentation.

C. — Citerne située sous les cuves, où ces dernières sont déversées pour être distillées.

D. — Réservoir à jus fermentés, pour l'alimentation de la colonne distillatoire.

E. — Réservoir d'eau froide.

F. — Appareil distillatoire, système Savalle, muni de son régulateur de vapeur.

G, G'. — Réservoir à flegmes.

H. — Appareil de rectification.

I. — Réservoir à 3/6 bon goût.

J. — Machine à vapeur.

K. — Pompes.

L, L'. — Deux générateurs semi-tubulaires, système E. Victoor Fourcy et Cie.

M. — Four Porion, pour l'évaporisation des vinasses et pour l'incinération des potasses.

N. — Cheminée du four Porion.

O. — Cheminée de l'usine.

§ IX. — Devis approximatif du matériel d'une distillerie travaillant par jour 10,000 kilog. de mélasse de sucrerie de betteraves.

1° Force motrice :

Deux générateurs de 35 chevaux chacun.			
Tôles, 17,400 kilog. à 65 fr. . . . . . . Fr.	11.310		
Fontes, 8,600 » 40	3.440	15.350	»
Accessoires, environ.	600		

2° Moteurs :

Une machine à vapeur de 6 chevaux pour les pompes et une de 6 chevaux pour le four à potasse . . . . .   5.500 »

3° Distillation :

Une colonne en cuivre n° 7 (prix variant suivant les cours des métaux). . . . .   15.000 »

Support, pied de colonne à chauffage tubulaire. . . . .   2.500 »

4 Rectification des alcools :

Un Rectificateur n° 5 à chaudière en tôle (prix variant suivant le cours des métaux). . . . .   14.500 »

5° Pompes :

Une pompe à jus fermenté en bronze. . . . .
Deux pompes à eau froide. . . . .   5.000 »
Deux pompes alimentaires . . . .

6° Fermentation :

Douze cuves en bois de 160 hectolitres chacune. . . .   4.000 »

A reporter. . . . . Fr.   61.850 »

| | *Report*..... Fr. | 61.850 | » |

7° Réservoirs en tôle :
Environ 10,000 kilog. à 65 fr. les 100 kil . . . .   6.500   »

8° Tuyauterie, robinetterie et Montages divers,
environ . . . . 6.500   »

9° Four Porion :
Carneau d'évaporation. — Fours et cheminée. . . . . 6.000   »
Prime de brevet à payer à l'inventeur. Mémoire.. . .   »   »

         TOTAL approximatif. . . . . Fr.   80.850   »

Dans ces dernières années, nous avons établi nos appareils pour des distilleries de mélasses très-importantes ; il en est dont le travail dépasse cent mille kilog. de mélasse par 24 heures. — Nous donnons ci-dessous le devis du matériel complet d'une de ces grandes usines.

§ X. — Devis approximatif du matériel d'une distillerie, travaillant par 24 heures, 100,000 kilog. de mélasses.

1° Force motrice :
Chaudières à vapeur semi-tubulaires 500 chevaux vapeur, soit 650
    mètres carrés de surface de chauffe, en tubes de fer à 135 fr. le
    mètre . . . . Fr.   87.750   »

2° Moteurs :
Une machine à vapeur de 30 chevaux pour les pompes ⎱
et les concasseurs. . . . . ⎰   10.200   »
A condensation, elle coûterait en plus 4,300 fr.
Une machine pour les fours Porion . . . . 10.200   »

3° Pompes :
Trois pompes centrifuges n° 2, pour les jus fermentés ⎱
Deux   d°   n° 4, pour l'eau froide . . ⎰   2.500   »
Cinq clapets. 270   »
Trois pompes alimentaires pour les générateurs.. . . . 1.500   »
Garnitures d'actionnement, bielles en fer forgé, excen-
    triques, colliers, tiges polies, etc., etc. . . . . 1.500   »

         A reporter..... Fr.   113.920   »

Report..... Fr.	113.920 »

Toute la transmission se composant : de chaises avec
paliers graisseurs, poulies tournées, poulies engrenages divisés taillés, arbres tournés polis, bagues,
boulons, plaques, etc., à raison de 0,85 c. le kilog.,
pour 10,000 kilg. environ. . . . .   8.500 »

4° Distillation :

Deux colonnes distillatoires en fonte de fer, avec satellites en cuivre à 40,000 fr. l'une . . . .   80.000 »

Si l'on mettait ces deux colonnes entièrement en cuivre,
le prix serait de 100,000 fr. les deux.

5° Rectification des alcools :

Deux rectificateurs n° 11, à chaudière en tôle, de 600
hectol. chaque, 62,500 fr. . . . . 125.000 »

Si l'on mettait les deux chaudières en cuivre rouge, le
prix des deux appareils augmenterait de 42.000 fr.

6° Réservoirs en tôle :

Quatre pour les alcools bruts de 200 hectol. chaque,
poids. . . . . 11.200 kil.

Deux pour les alcools bon goût de 150
hectol. chaque, poids 4.450

Six de 500 hectol. chaque, (4 m. de diam.
s. 4 m. haut., fond en tôle de 8 m/m.,
tour 7 m/m., couv. 6 m., poids 6,700,)
pour le magasin à alcool fin 40.200

Un de 75 hectol., pour les 3/6 mauvais
goût. 1.460

Un de 180 hectol., pour alimenter
d'eau froide les appareils. 1.900

Un de 200 hectol., pour les besoins de
l'usine 2.400

Un de 200 hectol., couv. pour les eaux
chaudes. 2.800

Un de 120 hect., pour les jus fermentés
pour alimenter les appareils. 1.900

Un de 60 hectol., pour délayer des mélasses. 950

Pesant ensemble environ . . 67.260 kil.

à 60 fr. les 100 kilg. (cours variable).   40.356 »

A reporter. ... Fr.	367.776 »

Report . . . . . Fr. 367.776 »

7° Saccharification et fermentation :

Quatre cuves de 250 hectol. chaque, à saccharifier, 4.200 »

Douze cuves de 1,150 hectolitres chaque, à 2 fr. l'hectolitre. . . . . 27.600 »

Deux pompes à chaînes système Deriveaux. . . . . }
Quatre concasseurs à grains. Mémoire. . . . . . . } » »

8° Tuyauterie et robinetterie de l'usine et montage divers, environ . . . . 20.000 »

9° Fabrication de la potasse :

Fours système Porion. . . . . 30.000 »

Prime de brevet à payer à l'inventeur. Mémoire . . . . » »

Total approximatif . . . . . Fr. 449.576 (1)

§ XI. — Compte de fabrication d'acool de mélasses indigènes.

Par l'emploi de nos appareils de distillation des jus fermentés et ceux de rectification, combinés aux nouveaux procédés de fermentation que nous avons décrits, les distilleries sont parvenues à élever le rendement de 100 kilog. de mélasses à 28 litres d'alcool fin à 90 degrés. Ces distilleries obtiennent en outre 10 kilog. de potasse brute.

Voici ce que coûte, dans les usines produisant cinq pipes d'alcool par jour, le travail de 100 kilog. de mélasses.

---

(1) Ce devis a été établi sur les cours des métaux au mois de décembre 1872.

Charbon................	1 f. 32 c.	(1)
Levûre....	» 56	(2)
Ouvriers...............	» 53	
Pipes pour loger l'alcool..	» 99	
Francs....	3 68 c.	

A ce compte, il faut ajouter les frais généraux, l'intérêt et l'amortissement du capital. Ces éléments sont variables ; mais en moyenne, l'intérêt et l'amortissement peuvent être fixés à 63 centimes par 100 kilog. de mélasse, dans une usine produisant au moins 6 pipes d'alcool.

Quant aux frais généraux, ils s'élèvent, pour ce même travail journalier, à 84 centimes. Dans une usine, au contraire, produisant par jour 15 pipes, la somme de 1 fr. 47, représentée par les éléments réunis que nous venons d'examiner, se réduit aussitôt à 56 centimes. Il en est ainsi pour toutes les fabrications qui se font en grand, elles seules peuvent faire descendre aussi bas que possible le prix de revient.

Afin de permettre aux personnes qui voudraient monter des distilleries de mélasses, de se renseigner du fonctionnement de ce genre de distillerie, nous avons groupé les adresses de ces usines dans une nomenclature spéciale; on les trouvera ci-après.

---

(1) La dépense de combustible est diminuée de 30 0/0 par l'emploi du Four Porion. A Wardrecque, on n'emploie chez M. Porion, pour toutes les opérations de l'usine, en moyenne, que 49 kilog. de charbon par 100 kilog. de mélasses à 40° Beaumé.

(2) La dépense de levûre se réduit au tiers, si l'on ajoute au travail, des grains saccharifiés à l'acide.

§ XII. — Usines les plus importantes dans lesquelles fonctionnent les appareils Savalle pour la distillation des mélasses provenant de sucre de betteraves.

NOMS DES INDUSTRIELS	DEMEURES	DÉPARTEMENTS	QUANTITÉS d'alcool pouvant être travaillées par jour.	Quantités d'appareils remplacés par les nôtres.	OBSERVATIONS ET RENSEIGNEMENTS
FRANCE					
			litres		
Bayard de la Vingtrie frè-res et Ce...............	Chauny.........	Aisne....	8.000	6	Cette usine vient d'être
Les mêmes, 2e appareil....	—	—	8.000		vendue à MM. Raguet,
— 3e appareil, colonne distillatoire pour les mélasses..........	—	—	14.000		Soupeault et Ce.
Bernard frères et **Leurant,**	Bordeaux	Gironde ..	10.000	5	MM. Bernard frères raffineurs à Lille.
Billet (M. et A.).........	Cantin	—	5.000	5	
Les mêmes, 2e appareil....	—	—	5.000		
Billet Alfred et Ce.......	Sermaize	Marne ...	5.000	7	Société des sucreries et
Les mêmes, 2e appareil....	—	—	5.000		distilleries de Marne et Meuse.
Billet François..........	Marly	Nord.....	5.000	5	
Le même, 2e appareil.....	—	—	5.000		
Usines de Bourdon, société limitée...............	Bourdon........	Puy-de-Dôme..	9 000	25	
Les mêmes, 2e appareil, colonne distillatoire pour les mélasses............	—	—	5.000		
— 3e appareil, colonne distillatoire pour les grains	—	—	5.000		
J. Chalou et Ce..........	Pontoise........	Oise	7.000		
Léon Crespel et Ce.......	Quesnoy-s-Deule.	Nord.....	4.000	3	Fabricant de sucre et distillateur. L'usine de Quesnoy travaille par campagne 25 millions de kilog. de betteraves et 3 millions de kilog. de mélasse.
Le même, 2e appareil......	—	—	7.000		
A reporter.			107.000		

NOMS DES INDUSTRIELS	DEMEURES	DÉPARTEMENTS	QUANTITÉS d'alcool pouvant être travaillées par jour	Quantités d'appareils remplacés par les nôtres	OBSERVATIONS ET RENSEIGNEMENTS
	Report		107.000		
L. Cugniez et Ce	Bucy-le-Long	Aisne	2.500	3	
Les mêmes, 2e appareil	—	—	4.000	4	
Louis Danel	Salomé	Nord	7.000	6	Fabricant de sucre et distillateur.
Dantu-Dambricourt	Steene, près Bergues	Nord	7.000	3	Fabricant de sucre, distillateur.
Victor Delgute et Ce	Saint-Pierre-les-Calais	Nord	3.600	2	Négociant, rue Princesse, à Lille.
Le même, 2e appareil	—	—	3.600		
Victor Denis et Ce	Saint-Denis	Seine	8.000	3	
A. Durel et Ce	Denain	—	8.000		
Le même, 2e appareil	—	—	8.000		
Félix Dehaynin	Aux Corbins près Lagny	Seine-et-Marne.	3.600	3	Négociant, 58, rue d'Hauteville, à Paris. Établissement des charbons agglomérés ; médaille d'or à l'Exposition universelle de 1867 . Membre du Conseil municipal de la ville de Paris.
Le même, 2e appareil, colonne distillatoire pour 80,000 kilogrammes de betteraves par jour	—	—	4.000		
Deschanvres et Ce	Denain	Nord	5.000	2	
Le même, 2e appareil	—	—	5.000		
Delloye Lelièvre	Iwuy	—	5.000	7	Sucrerie et distillerie.
Célestin Droulers	Wasquehal	—	5.000	3	Distillateurs et fabricants de sucre.
Charles Droulers	Roubaix	—	5.000		
Le même, 2e appareil, colonne pour les grains	—	—	5.000		
— 3e appareil, colonne pour les betteraves.	—	—	5.000		
Louis Droulers	Ascq	—	4.000	6	Fabricant de sucre, distillateur et agriculteur.
Le même, 2e appareil, colonne distillatoire pour la mélasse et les betteraves.					
Duriez et Droulers	Coppenansfort	Nord	3.500	3	Fabricants de sucre et distillateurs.
	A reporter		208.200		

NOMS DES INDUSTRIELS	DEMEURES	DÉPARTEMENTS	QUANTITÉS d'alcool pouvant être travaillées par jour	Quantités d'appareils remplacés par les nôtres	OBSERVATIONS ET RENSEIGNEMENTS
	Report.		208.200		
Durin et Ce	Capelle.	Nord	7.000		
Ce **Franco-Belge**, raffinerie.	Marseille	Bouches-du-R.	4.000		
La même, 2e appareil, colonne distillatoire pour les mélasses de cannes	—	—	4.000		
Gouvion Deroy	Denain	Nord	2.500	3	Distillateur. Fabricant de sucre et raffineur.
Le même, 2e appareil	—	—	2.500		
G. Houvenaghel et **Derousseaux**	Salomé, p. Lille.	Nord	3.600		
T. Hunet et Ce	Étreux	—	4.500	6	
Les mêmes, 2e appareil, colonne distillatoire pour la mélasse et les betteraves.	—	—	5.500		
Hurbain-Desormaux	Ham	Somme . . .	8.000		
Le même, 2e appareil	—	—	8.000	6	
— 3e appareil, colonne distillatoire pour les mélasses	—	—	14.000		
A. Lefebvre	Corbehem, près Douai	Nord	8.000	5	Maire de Corbehem, chevalier de la Légion d'honneur. Fabrique de produits chimiques à Corbehem. Médaille d'or aux expositions universelles de Paris, en 1855 et 1867, et de Londres, en 1862.
Le même, 2e appareil, colonne distillatoire pour les mélasses	—	—	8.000		
— 3e appareil	—	—	2.000		
Lamblin frères	Marquettes, près Lille	—	5.000	3	
Leduc	Frocourt	Oise	1.000		
Lesaffre et Bonduelle	Marquettes-les-Lille	Nord	4.500	9	Fabricants de sucre, d'alcool et de potasse. Travaillent dans leurs usines de Marquette, par campagne, 40 millions de kil. de betteraves, et à Marcq-en-Barœuil, 5 millions de kil. de grains.
Les mêmes, 2e appareil . . .	—	—	8.500		
— 3e appareil	Marcq-en-Barœuil	—	9.000		
— 4e appareil	Marquettes-les-Lille	—	10.000		
Peuvion Mollet	Illies	—	2.500		
	A reporter.		329.700		

NOMS DES INDUSTRIELS	DEMEURES	DÉPARTEMENTS	QUANTITÉS d'alcool pouvant être travaillées par jour	Quantités d'appareils remplacés par les nôtres	OBSERVATIONS ET RENSEIGNEMENTS
	Report.		329.700		
Eugène Porion	Wardrecques	Pas-de-Calais	9.000	4	Inventeur d'un nouveau four à potasse, qui supprime l'évaporation préalable des vinasses. Médaille d'argent, Exposition 1867.
2e appareil	—	—	9.000		
3e appareil	—	—	3,600		
Le même, 2e appareil	—		9.000		
Louis Porion et Cᵉ	Saint-André-les-Lille	Nord	9.000	4	Distillerie de grains par le malt, livrant par jour 2,000 hectolitres de drèches. — Distillerie de mélasses, avec production de potasse.
Régis-Bouvet, frères	Aiserey	Côte-d'or	5.000		Raffineurs de mélasse à Paris, 168, avenue de Choisy. — Fabricants de sucre, féculiers et distillateurs à Aiserey.
Les mêmes, 2e appareil, colonne distillatoire	—	—	5.000		
Robert de Massy et **Dècle**	Rocourt	Aisne	8.000	7	
Les mêmes, 2e appareil	—	—	18.000		
— 3e appareil	—	—	12.000		
— 4e appareil	—	—	18.000		
Somers et Cᵉ	Moulins-Lille	Nord	3.600		Distillerie de mélasses et fabrique de potasses.
Les mêmes, 2e appareil, colonne distillatoire	—	—	3.600		
Tilloy-Delaune et Cᵉ	Courrières	—	13.000		Fabricants de sucre par le procédé baritique. Distillateur raffineur de potasse, et, fabricants de guano Artésien.
Le même, 2e appareil	—	—	5.000		
— 3e appareil	—	—	13.000		
H. Wagner et Cᵉ	Lewarde	Nord	3.600		
Le même	—	—	4.000		
Total			481.100		

pouvant être produits par jour en France par les appareils SAVALLE. — litres d'alcool de mélasses,

§ XII. — Nomenclature des distilleries de mélasses les plus importantes montées à l'étranger.

NOMS DES INDUSTRIELS.	DEMEURES	DÉPARTEMENTS	QUANTITÉS d'alcool pouvant être travaillées par jour	Quantités d'appareils remplacés par les nôtres	OBSERVATIONS ET RENSEIGNEMENTS
Report			481.100		
AUTRICHE					
Actien Spiritus Fabrik.....	Chaudin	Bohême ..	7.500		
Paul Primavesi..........	Olmutz	—	7.500		
J. Latzel et Cᵉ..........	Pawlowitz	Moravie ..	2.500		
Les mêmes, 2ᵉ appareil....	—	—	2.500		
Le prince de Salm........	Raitz..........	Moravie ..	4.000		
BELGIQUE					
Auguste Dumont..........	Chassart........	Brabant...	3.600	3	Fabrique de sucre, distillerie et moulin à vapeur. Exploitation agricole traversée de 10 kilomètres de chemin de fer pour le service de la culture et des usines.
Félix Witouck...........	Leeuw-St-Pierre, près Bruxelles.	Brabant...	4.500	3	Fabricant de sucre à Leeuw-Saint-Pierre et à Bergen-op-Zoom, en Hollande. Distillateur et agriculteur.
Le même, 2ᵉ appareil pour la distillation des mélasses.	—	—	3.600		
— 3ᵉ appareil pour la rectification des alcools.	—	—	4.000		
Mᵐᵉ veuve Raimbeaux et Legrand..............	Tongres - Notre - Dame	Hainaut ..	2.500		
Les mêmes, 2ᵉ appareil...	—	—	3.600		
Le baron de Saint-Symphorien.................	Mons..........		5.000		
HOLLANDE					
Kiderlen...............	Rotterdam.......		7.500		Distillerie la plus importante de la Hollande.
2ᵉ appareil, colonne distillatoire................	—		3 000		
3ᵉ appareil.............	—		3.000		
A. de Buryn et Cᵉ........	Zevenbergen	Brabant s.	3.600	2	Fabricant de sucre et d'alcool.
Le même, 2ᵉ appareil	—	—	3.600		
SUÈDE					
Tranchell..............	Landskrona		2.500		
ToTAL.			555.100		*litres d'alcool de mélasses, pouvant être produits par jour par les appareils SAVALLE.*

II

DISTILLATION DES MÉLASSES EXOTIQUES.

------

§ Ier. — **Distillation des mélasses provenant des sucreries de cannes pour la production des tafias, des rhums et des alcools neutres à 96°.**

La distillation des mélasses de sucres de cannes n'a pas généralement suivi la marche progressive des produits similaires en Europe ; elle se fait encore d'une manière très-imparfaite et très-primitive. Quelques grandes usines à sucre de la Martinique ont adopté l'appareil distillatoire Savalle, mais la plupart ne tirent encore qu'un très-médiocre profit de leurs mélasses. Les unes les jettent sur les terres où elles constituent un engrais cher ou de médiocre qualité ; les autres emploient pour distillation des procédés tellement imparfaits, qu'une grande quantité d'alcool passe à l'état d'acide ; d'ailleurs elles font usage d'alambics anciens qui ne fournissent *qu'un très-mauvais travail*.

Pour amener la distillation des mélasses de cannes à un état qui permette de rivaliser avec les autres fabrications similaires, il faut modifier la méthode de fermentation et perfectionner les appareils à distiller. La fermentation est la base du travail dans toute distillerie. Au lieu de charger des cuves avec des jus marquant 8 degrés au densimètre et de laisser la fermentation s'opérer librement pendant six ou sept jours, il convient d'employer des jus ne marquant que 4 degrés au densimètre, et d'introduire dans la mélasse ainsi diluée, quand on le peut, 10 pour 100 de vesou, c'est-à-dire du jus extrait de la canne à sucre. La fermen-

tation se produit ainsi très-activement, et elle est terminée en
48 heures. Il est urgent, surtout dans les pays chauds, de distiller les cuves aussi rapidement que possible, afin que la fer-

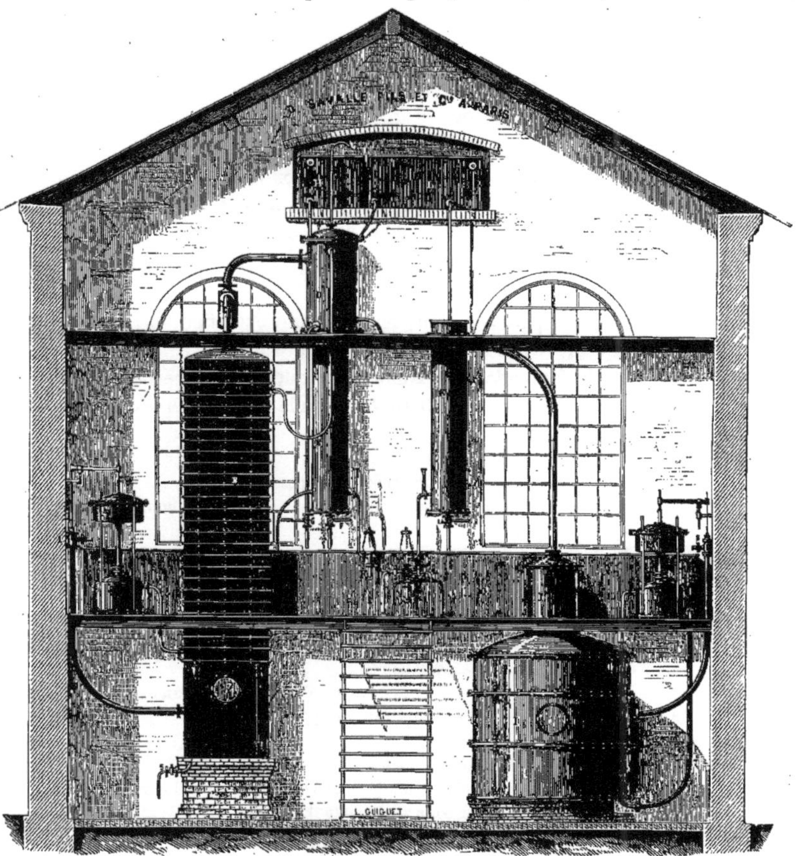

Fig. 8. — Vue en élévation d'une distillerie Savalle pour les mélasses de canne, avec un appareil
de rectification.

mentation ne devienne pas acide, et ceci, contrairement à ce que font quelques fabricants, qui pensent que la fermentation n'est achevée que lorsqu'elle est couverte d'une peau blanche. Celle-ci résulte de la fermentation acétique qui se produit au détriment de l'alcool qu'elle décompose.

Pour obtenir un produit considérable et de bonne qualité, on doit employer des appareils perfectionnés, à fonctionnement rapide et régulier; il va de soi qu'ils sont chauffés à la vapeur et non à feu nu.

Jusqu'à présent, on n'introduisait dans les distilleries que nous avons montées aux colonies qu'un seul appareil. C'est celui qui est représenté sur le côté gauche de la figure 8 par les lettres ABCDEF; il est avantageux d'y joindre un second appareil, ainsi que nous allons l'expliquer.

Le premier appareil fournit, en une seule opération, des tafias à 60 ou 62 degrés centésimaux. On y traite les jus à leur sortie des cuves de fermentation. Avant d'expliquer la marche des opérations, nous donnerons d'abord la légende des divers organes du système :

A. — Régulateur pour la vapeur chauffant l'appareil ;
B. — Colonne distillatoire établie à volonté en fonte de fer ou en cuivre ;
C. — Brise-mousses ;
D. — Chauffe-vins tubulaires ;
E. — Réfrigérant ;
F. — Éprouvettes pour l'écoulement des tafias ;
G. — Réservoir à tafias ;
H. — Réservoir à jus fermenté alimentant l'appareil ;
1. — Robinet-soupape du régulateur ;
2. — Reniflard pour éviter l'écrasement de l'appareil par le vide ;
3. — Trou d'homme appliqué aux grands appareils ;
4. — Niveau d'eau ;
5. — Robinet de vidange des vinasses ;
6. — Robinet et conduit d'alimentation des vins dans le chauffe-vin ;
7. — Robinet d'eau froide pour le réfrigérant.

§ II. — **Ensemble et fonctionnement des appareils pour la production des rhums.**

Voici maintenant le fonctionnement de l'appareil. Pour opérer, on commence par mettre en marche la pompe qui élève les jus fermentés à distiller dans le réservoir H, situé au-dessus de l'appareil. Ce réservoir peut varier d'une contenance de 1,000 à 2,000 litres ; l'essentiel est que la pompe l'alimente constamment et que ce réservoir soit muni d'un tuyau de trop plein, retournant à l'aspiration de la pompe, les jus qui débordent du réservoir. On obtient ainsi un niveau constant du liquide dans le réservoir à jus, et une pression régulière de ce liquide sur l'orifice d'alimentation de l'appareil. *Cette condition est essentielle à sa bonne marche*, car si l'appareil ne reçoit pas une quantité de jus fermenté régulière, le degré du produit varie à l'éprouvette.

La pompe à jus étant donc mise en fonction, et le réservoir H étant plein, on emplit de jus fermenté le chauffe-vin D. On emplit également les plateaux pleins. Cela fait, on ferme momentanément le robinet d'introduction des jus (n° 6), et l'on ouvre graduellement la vapeur chauffant l'appareil qui passe par la soupape n° 1 du régulateur.

Quand toute la colonne est chaude, les vapeurs alcooliques passent par le brise-mousses C au chauffe-vin D ; elles s'y condensent et cèdent leur calorique à la matière fermentée. De là, elles passent encore au réfrigérant E, pour y être refroidies par l'eau ; on évite ainsi les pertes d'alcool que font éprouver les appareils, où l'on ne sert, pour condenser et réfrigérer, que de la matière fermentée relativement chaude.

On observe qu'à chaque plateau qui s'échauffe, la pression augmente dans le tube niveau d'eau du régulateur de vapeur A, jusqu'à ce qu'enfin celui-ci fonctionne. Aussitôt que le tafia commence à couler à l'éprouvette F, on ouvre à nouveau le robinet n° 6, introduisant les jus fermentés au chauffe-vin et on règle l'ouverture de celui-ci de manière à obtenir l'alcool à l'éprouvette au degré requis; on y arrive facilement en alimentant plus de jus fermenté, si le degré à l'éprouvette est trop faible ; ou moins de jus fermenté, si le degré du produit est trop élevé. Le robinet n° 6 est muni d'un cadran qui facilite beaucoup la recherche du point d'ouverture de ce robinet, requis à la bonne marche de l'appareil.

Il nous reste à parler de la vidange des vinasses. On désigne ainsi les jus fermentés épuisés d'alcool par la distillation. Cette vidange se fait par le robinet n° 5, et il est très-essentiel de régler l'ouverture de ce robinet, de telle sorte qu'il laisse partir à jet continu le volume de vinasses produit par la colonne, et de ne jamais laisser cette vinasse monter trop haut dans le tronçon formant la base de la colonne ; 20 à 25 centimètres de hauteur de liquide y suffisent ; car si on laisse le liquide arriver trop haut, il obstrue la communication de pression vers le régulateur et empêche le fonctionnement de ce dernier. En résumé, le fonctionnement de l'appareil est des plus simples, puisqu'il ne s'agit que de suivre ces quelques indications pour opérer dans de bonnes conditions.

L'opération se bornait là dans la plupart des fabriques de tafias établies jusqu'ici à la Martinique. Mais on conçoit qu'on obtiendra des produits bien plus fins en soumettant les tafias à une seconde distillation. C'est ce progrès que permet de réaliser le second appareil IJKLMN (figure 9) destiné à traiter chaque jour les tafias bruts produits la veille et emmagasinés dans le réservoir G. Cette seconde opération, qui est une véritable rectification, a pour but d'enlever au rhum brut des parties acides éthériques, ainsi que des huiles lourdes, dont la séparation ne s'effectue aujourd'hui qu'en laissant pendant de longues années vieillir le liquide, et en abandonnant au temps le soin de séparer par évaporation et par absorption les parties infectes qui constituent l'infériorité des rhums nouveaux obtenus par une distillation pure et simple des jus fermentés. Voici la légende de cet appareil :

I. — Chaudière en cuivre ;
J. — Dôme pour les vapeurs alcooliques ;

K. — Réfrigérant tubulaire à enveloppe en cuivre suspendu au plancher
     supérieur ;

L. — Réservoir à eau froide ;

M. — Régulateur de vapeur ;

N. — Eprouvette pour l'écoulement du rhum rectifié ;

9. — Reniflard de la chaudière ;

10. — Niveau d'eau ;

11. — Robinet pour l'écoulement des rhums éthériqnes ;

12. — Robinet pour l'écoulement des rhums parfaits ;

13. — Robinet pour l'écoulement des rhums obtenus par le deuxième
     travail ;

14. — Robinet d'alimentation d'eau froide pour le réfrigérant ;

15. — Robinet à trois eaux pour charger et décharger la chaudière.

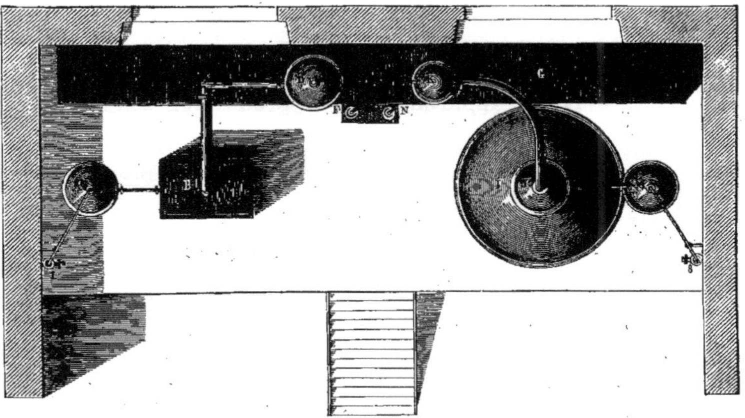

Fig. 9. — Plan d'une distillerie Savalle pour faire des rhums et des tafias.

La chaudière a ses feuilles de cuivre brasées ; des brides et des
boulons réunissent les tronçons, le couvercle et le fond. Elle
est en outre munie d'un trou d'homme qui sert à faire entrer ou retirer le serpentin chauffeur que l'on peut démonter à
volonté. Le robinet 11 sert à écouler *au début de l'opération les
rhums éthériques à odeur pénétrante, acide.* Ce rhum est renvoyé
dans les cuves fermentées et prêtes à être distillées ; il s'épure

par ce coupage et repasse au premier appareil avant d'être rectifié à nouveau. Cette proportion de rhum éthérique est d'environ 3 p. 100. On obtient ensuite un rhum moins mauvais qu'on écoule par le robinet n° 13, et qui se mélange dans le réservoir G avec les tafias bruts. Enfin on obtient le rhum parfait qui s'écoule au magasin par le robinet 12. En terminant l'opération, on obtient encore des rhums mélangés d'huiles lourdes : on les écoule par le robinet 11 ; ils sont aussi mélangés aux matières fermentées pour être de nouveau distillées.

L'addition du second appareil est encore une nouveauté qui n'existe pas dans les distilleries de tafias montées par la maison Savalle, et qui cependant ont déjà donné une réputation particulière à leurs produits. Les prix de l'appareil simple sont les suivants :

§ III.—**Prix des appareils pour la production des rhums.**

NUMÉROS de DIMENSION	PAR JOURNÉE DE 10 HEURES — VOLUME DE TAFIAS A 60 DEGRÉS produit par journée de 10 heures.	PRIX DES APPAREILS EN CUIVRE rouge et munis D'UN RÉGULATEUR DE VAPEUR (1).
	Litres	Fr.
1	750	6.750
2	1.000	8.500
3	1.250	10.100
4	1.500	11.800
5	1.750	13.500
6	2.000	15.200
7	2.250	16.800
8	2.500	18.500
9	2.750	20.200
10	3.000	22.000
11	4.000	29.200
12	5.000	36.000

Le second appareil annexé aux distilleries simples, qui donne les tafias et les rhums à 60 degrés, est également à un tarif proportionnel au travail fourni.

Le rhum provenant de la rectification dans le second appareil

---

(1) Ces prix varient avec les cours des métaux.

est d'une qualité très-supérieure à celui des usines qui se contentent d'obtenir de premier jet les tafias bruts provenant de la simple distillation des mélasses fermentées. Sa valeur commerciale est immédiatement égale à celle des tafias qu'on a laissé vieillir en magasin pendant plusieurs années. Il est doux, il a perdu le goût improprement désigné sous le nom de goût d'appareil ; il ne contient que les parties agréables du parfum du rhum. Ses qualités hygiéniques sont accrues en raison de l'élimination des parties volatiles éthérées et des huiles lourdes.

En ajoutant au second appareil une colonne de rectification et un condenseur, on peut obtenir à volonté des alcools fins rectifiés à 96 degrés. Ce mode de travail peut être avantageux dans les moments où les rhums sont abondants sur le marché, et où par conséquent, il y a lieu d'employer les alcools fins à la fabrication des eaux-de-vie dites de Cognac et des liqueurs diverses.

La plupart des distilleries de mélasses de cannes sont annexées à des sucreries, et elles exigent très-peu de matériel, puisqu'il suffit de quelques cuves en bois pour la fermentation, d'un appareil distillatoire et d'une pompe pour élever les liquides fermentés. Quant à la vapeur nécessaire au chauffage, elle est empruntée aux sucreries. Toutefois on pourrait établir des distilleries complètes destinées à traiter les mélasses qui seraient achetées à diverses sucreries, comme il existe en Europe des distilleries distinctes de toutes autres usines. Ces grandes distilleries pourraient produire des tafias et des rhums à 60 degrés où aussi à volonté des alcools fins, neutres de goût, rectifiés à 96 degrés, elles éviteraient sur ce dernier produit la moitié des frais de transport.

Nous donnons, pour que l'on puisse se renseigner, à la suite de ce chapitre, l'adresse des distilleries de ce genre déjà installées par nous. Elles emploient 23 appareils dont le produit journalier est de 874 hectolitres de rhum.

§ IV. — Nomenclature des distilleries, traitant les mélasses de cannes à sucre montées aux colonies et à l'étranger.

NOMS DES INDUSTRIELS	DEMEURES	PROVINCES	QUANTITÉS d'alcool pouvant être travaillées par jour	OBSERVATIONS ET RENSEIGNEMENTS
ESPAGNE.				
			Litres.	
J. Agrela..............	Grenade.......	....	1.000	
Le même, 2e appareil, colonne distillatoire......	—	....	1.000	
La Chica Rodriguez et Aurioles...............	—	....	3.000	
Les mêmes, 2e appareil, colonne distillatoire....	—	....	3.000	
Larios et fils...........	Malaga........	....	2.500	
Les mêmes, 2e appareil...	—	....	2.500	
Société sucrière péninsul^{re}.	Madrid........	....	12.000	
La même, 2e appareil....	—	....	12.000	
AMÉRIQUE CENTRALE (Guatemala).				
J. Guardiola............	Hacienda Chocola	....	7.500	
ILE DE MADÈRE.				
Société Sucrière........	....	....	3.000	
LA MARTINIQUE.				
Le Baron de Larenty, appareil servant à la production des rhums.....	Fort de France.	....	3.500	
Eugène Eustache........	Usine de Galion	Trinité...	3.000	
A. de Meynard..........	A la Dilon.....	....	5.000	
Rousselot et Ce.........	—	....	5.000	
Guillaud et Ce...........	Usine de la Rivière-Salée.	....	7.500	
Assier de Pompignan.....	Compagnie annonyme...	....	7.500	
		A reporter........	79.000	

NOMS DES INDUSTRIELS	DEMEURES	PROVINCES	QUANTITÉS d'alcool pouvant être travaillées par jour	OBSERVATIONS ET RENSEIGNEMENTS
		Report........	79.000	
ILE MAURICE.				
Hewetson............	....	....	5.000	
2ᵉ appareil rectificateur produisant les alcools fins à 96 degrés.	....	....	5.000	
PÉROU.				
Félix Denegri...........	Hacienda de Chacavento.	....	6.000	
LA TRINIDAD.				
Limited Company, de Londres................	Usine du petit Morne..	....	7.500	
BRÉSIL.				
Munzer et Spaan.........	Rio-Janeiro....	....	1.000	
Juan Ollivela...........	—	....	2.500	
		Total..........	87.400	

litres de rhum pouvant être fournis par jour par les appareils Savalle.

CHAPITRE DEUXIEME

DISTILLATION DE LA BETTERAVE

§ I. — **Les distilleries agricoles de betteraves**.

L'introduction de la culture de la betterave et l'établissement des distilleries et des sucreries rendent toujours florissante l'agriculture d'une contrée. Le plus bel exemple de cette prospérité nous est donné, en France, par le département du Nord et par ceux des départements limitrophes où les agriculteurs ont suivi la même voie. Toutefois, pour installer une sucrerie, il faut des capitaux énormes et, lorsqu'on a ces capitaux, il faut encore des quantités considérables de betteraves (25 millions de kilogrammes au moins). De là, résulte, qu'il est toujours aléatoire de monter de prime abord une sucrerie dans un pays où la culture de la betterave ne se fait pas depuis des années sur une grande échelle ; il est plus sage de commencer par une distillerie agricole. Ce genre d'installation se fait avec un capital très-restreint, et l'on trouve facilement des betteraves nécessaires à l'alimentation du travail de l'usine. La distillerie agricole est, de plus, une opération très-simple, lorsqu'elle se pratique avec un outillage perfectionné, tandis que, au contraire, les opérations de la sucrerie sont nombreuses, compliquées, et exigent de bons praticiens, des hommes spéciaux. *Par tous ces motifs, l'installation des distilleries est à conseiller dans l'intérêt des agriculteurs qui cherchent à augmenter les produits de leurs terres.*

Une distillerie est indispensable à toute exploitation agricole bien montée, *c'est la fabrique d'engrais à bon marché*, et, par conséquent, l'objet le plus essentiel et le plus indispensable en agriculture.

Quoique la question d'engrais soit la première à considérer dans la création de ce genre d'établissement, il ne faut pas y perdre de vue la *production économique et parfaite de l'alcool*, qui doit venir payer les engrais et laisser, en outre, au cultivateur un bénéfice raisonnable; pour cela, nous conseillerons aux agriculteurs, de multiplier le plus possible *les distilleries bien installées*, avec un matériel très-complet, laissant à la ferme tous les bénéfices, tous les produits à tirer de ce genre de travail. Car, si les distilleries bien montées donnent de beaux résultats, celles qui le sont mal, ou imparfaitement, n'en donnent que de négatifs.

Il faut donc, pour qu'une distillerie agricole soit dans de bonnes conditions, *que son travail soit d'une certaine importance*, de 15,000 20,000 ou 40,000 kilog. de betteraves par vingt-quatre heures, afin que les frais de main-d'œuvre soient relativement réduits. Il faut *que cette distillerie fonctionne par la vapeur*, afin d'obtenir le fonctionnement régulier des appareils mécaniques et de distillation et rectification. Un générateur à bouilleurs coûte peu et les gens de la ferme apprennent bientôt à s'en servir. Les distilleries qui n'emploient pas la vapeur, ne marchent toujours que très-imparfaitement et perdent de l'alcool, par leurs appareils distillatoires chauffés irrégulièrement à feu nu.

Il faut, enfin, *qu'une distillerie agricole rectifie ses alcools bruts* et livre directement au commerce des alcools rectifiés. Sans cela, elle perd le bénéfice de la rectification, qui est considérable et, de plus, les frais de transport et de coulage sur l'alcool brut (ou flegme) qu'elle envoie souvent à de grandes distances pour les faire rectifier. Quand, au contraire, la rectification des alcools s'opère dans la ferme, il n'y a pas de frais de transports perdus, pas de frais de main-d'œuvre, d'éclairage, etc.; car l'ouvrier-distillateur qui surveille l'appareil à flegmes, surveille aussi le rectificateur; la même lampe éclaire les deux appareils, et dans le magasin à alcool moins de main-d'œuvre encore; car, au lieu d'expédier et d'entûter des flegmes à 50 degrés, c'est-à-dire contenant moitié d'eau, on expédie des alcools fins à 97 degrés.

C'est condamner à l'infériorité et même l'insuccès une distillerie agricole, que de la monter à feu nu ; car on l'empêche de rectifier ses alcools, et on la force ainsi à laisser la plus belle part de ces bénéfices dans les mains de distillateurs mieux outillés.

Nous engageons beaucoup les distilleries qui se trouvent dans ces mauvaises conditions de réussite, à se procurer *un générateur* et *un appareil de rectification des alcools* pour mettre leur travail dans des conditions plus normales.

Pendant plusieurs années et jusqu'en 1866, les distilleries agricoles traitaient les betteraves par la macération à la vinasse ; depuis, nous avons fait appliquer le travail des presses continues, pour les usines dont le travail journalier arrive à 40,000 kilog. de betteraves.

Nous indiquerons ici ces deux méthodes de distillation, pour que nos clients puissent choisir celle qui conviendra le mieux aux besoins de leur exploitation.

Le travail de la macération est à conseiller pour les usines traitant 15, 25, ou même 35,000 kilog. de betteraves, et quand les pulpes sont destinées à être consommées sur place dans la ferme. Le travail des presses continues est surtout avantageux, quand on opère sur des quantités de betteraves plus grandes, et lorsque la pulpe est destinée à être portée au loin, cette pulpe de presses étant moins chargé d'eau économise beaucoup de charrois.

§ II. — Ensemble d'une distillerie agricole avec distributeur de pulpes perfectionné.

Afin de simplifier le travail des distilleries agricoles et de réaliser une économie notable sur la main-d'œuvre à la macération des betteraves, nous avons combiné un montage bien simple, par lequel la betterave se rend mécaniquement dans le coupe-racines

et tombe de là, naturellement, dans chaque macérateur. Nous
donnons au plan d'ensemble en élévation et en coupe, fig. 10 et

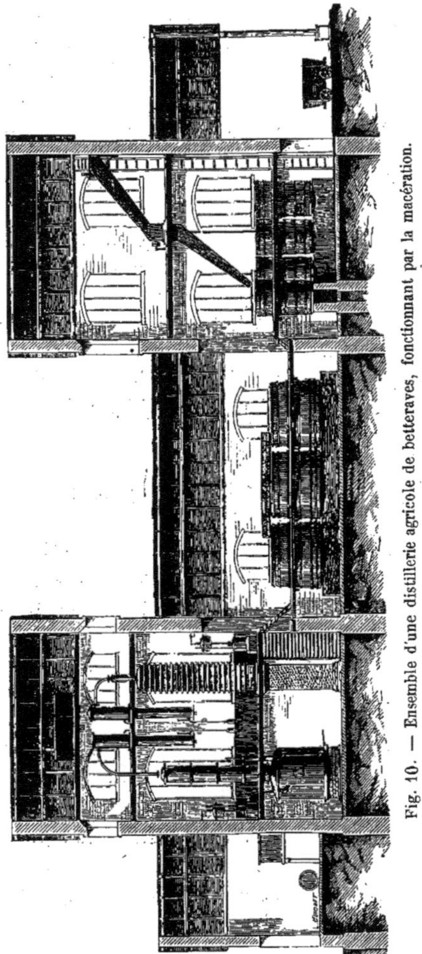

Fig. 10. — Ensemble d'une distillerie agricole de betteraves, fonctionnant par la macération.

11, cette installation, dont nous nous sommes, du reste, réservé
la propriété par un brevet.

Voici la légende explicative de cette installation :

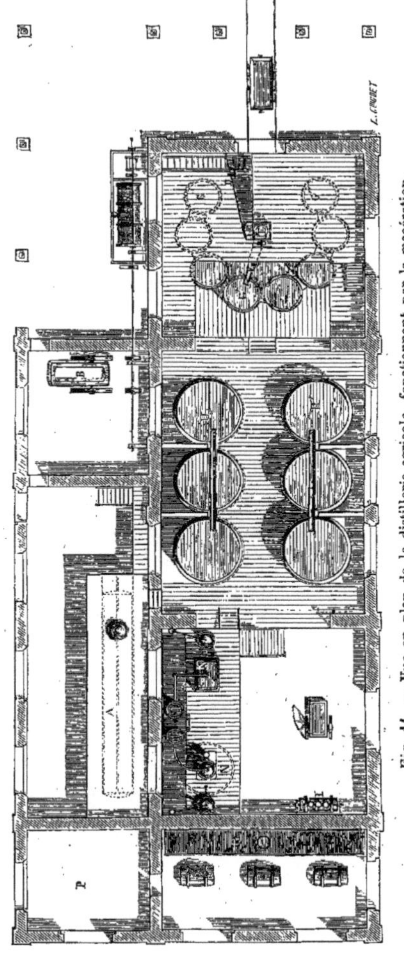

Fig. 11. — Vue en plan de la distillerie agricole, fonctionnant par la macération.

A. — Générateur de vapeur.
B. — Machine à vapeur pour l'atelier d'extraction.
C. — Laveur situé dans le magasin à betteraves.
D. — Élévateur montant au coupe-racines les betteraves lavées.

E. — Coupe-racines.

F. — Distributeur de cossettes à mouvement rayonnant, se rendant à volonté dans chacun des macérateurs. Ce distributeur est très-simple, coûte très-peu à établir et remplace avantageusement les distributeurs compliqués, dispendieux et s'arrêtant toujours, que nous avons vus dans certaines usines.

G. — Cuviers de macération.

H. — Cuves de fermentation.

I. — Pompes à jus fermenté, à eau froide, et d'alimentation pour le générateur; actionnées par un petit moteur spécial indépendant de l'atelier d'extraction des jus.

J. — Réservoir à jus fermentés.

K. — Colonne distillatoire en fonte rectangulaire du nouveau système Savalle, semblable en plus petit à celle montée aux Moëres françaises, chez M. Réné Collette.

L. — Réservoir à flegmes.

M. — Réservoir à eau froide alimentant le rectificateur.

N. — Appareil de rectification.

O. — Réservoir aux alcools bon goût.

P. — Bureau.

§ III. — **Mise en train et travail de la macération.**

Les betteraves lavées en C sont élevées au moyen de la courroie en caoutchouc D dans une rigole qui communique à l'entonnoir du coupe-racines E; réduites en cossettes, elles tombent naturellement dans le distributeur F et ce dernier, en tournant sur un pivot central, communique la cossette pour charger alternativement chacun des macérateurs G G' G".

On ne pouvait remplacer par un mécanisme plus simple le travail des hommes employés dans les distilleries, à mettre la betterave dans le coupe-racines et à élever ensuite les cossettes pour les jeter à la pelle dans les macérateurs. Outre l'économie de main-d'œuvre, il y a perfection dans le travail, parce que les cossettes restent moins de temps exposées à l'action de l'air, et qu'elles sont déposées dans les macérateurs avec une légèreté et une régularité que l'ouvrier le plus habile ne saurait atteindre. On évite, par l'emploi de ce distributeur, les pelottes de cossettes compactes que la macération n'attaque pas et qui sont perdues pour la distillerie.

La distribution de l'acide étendu se fait par un conduit en caoutchouc qui se rend directement dans la rigole de distribution des cossettes. Ce travail est ainsi simplifié, car dans l'ancienne distribution, il faut un tube et un robinet distributeur à chaque macérateur.

En industrie, l'outillage le plus simple est le meilleur; cette installation nouvelle du travail de la macération rendra et rend déjà de grands services, en diminuant les frais de fabrication et en augmentant, par sa rapidité, le rendement alcoolique de la betterave.

Les macérateurs G, G' G" sont remplis alternativement de betteraves, la cossette s'y trouve maintenue entre deux faux fonds en tôle percés de trous. On commence, après avoir chargé un macérateur, à l'emplir de jus faibles provenant d'une précédente opération, ou d'eau chaude, si l'on est au début du travail de la distillerie; on abandonne alors ce premier macérateur au repos pendant deux à trois heures, pour laisser au liquide le temps de faire la pénétration des cellules de la betterave et de dissoudre le sucre qui y est contenu. Une heure et demie après l'emplissage du premier macérateur, on charge de cossettes le second, et ainsi de suite se charge toute la série de G en G.

Quand le premier macérateur a eu ses deux, ou à volonté trois heures de macération, on alimente du jus faible à sa partie supérieure et le jus à fort degré sort à la partie inférieure du macérateur pour se rendre par trop plein aux cuves de fermentation; on alimente ainsi de 4 1/2 à 5 litres de liquide par minute pour chaque mille kilog. de betteraves contenues dans le macérateur. Ce travail dure environ 4 heures 1/2, et varie suivant la richesse des betteraves. Pendant ce laps de temps, le degré des jus sortant du macérateur, fort au début, a diminué progressivement et n'est plus que de 1 ou d'une fraction de degré supérieure au degré des sels contenus dans les vinasses : on en est prévenu, en plongeant un densimètre dans un système d'éprouvette que nous ajoutons dans nos montages à chaque macérateur. — A ce moment, on met le macérateur en communication avec la pompe à jus faibles et on coule sur le macérateur de la vinasse, en ayant soin de le maintenir toujours plein; au bout d'une demi-heure de ce coulage, les cossettes sont complétement épuisées. On arrête alors l'alimentation des vinasses sur le macérateur, et on épuise par la pompe tout le liquide qu'il contient, pour pouvoir ouvrir le trou d'homme en fonte et en extraire les cossettes épuisées ou pulpes de betteraves, qui sont dirigées vers les étables ou dans les silos. La pompe à jus faibles, en fonctionnant, élève ces jus dans un réservoir, d'où ils sont envoyés au macérateur suivant.

Dans beaucoup d'usines, on envoie les jus faibles sortant d'un macérateur directement sur les cossettes d'un macérateur suivant; cette manière d'opérer est bonne et diminue le travail de la pompe à jus faibles.

Il est très-essentiel, pour obtenir un bon travail, d'avoir un nombre de macérateurs assez grand, de manière à pouvoir envoyer à la fermentation constamment, une moyenne des jus qui ne soit ni trop faible et trop chaude, ni trop riche et trop froide; ce qui arrive toujours lorsqu'on n'emploie que trois macérateurs. Il est important aussi de bien veiller à la dimension des cossettes de betteraves fournies par le coupé-racine; elles doivent être pour le bien d'environ deux millimètres seulement d'épaisseur.

Pour clore ces renseignements relatifs à la macération, nous donnerons ici ceux qui nous ont été fournis dans le temps par l'une des personnes à qui nous avions vu pratiquer la macération avec le plus de perfection et sur la plus grande échelle, puisqu'il travaillait, par jour, 80,000 kilog. de betteraves. Ce praticien est M. J. Pezeyre, actuellement secrétaire de la Chambre syndicale des distillateurs à Paris; il était avant d'occuper ce poste, directeur de la distillerie de M. Félix Dehaynin, aux Corbins.

Les macérateurs, dans cette usine, étaient au nombre de huit; ils se chargeaient chaque de 3,000 kilog. de cossettes de betteraves. On passait sur chaque macérateur: d'abord, pendant 5 heures, 4,000 litres de jus faible (*ce qui représente bien, comme nous l'avons dit précédemment, environ 4 litres 6/10 par minute par chaque mille kilog. de betteraves contenus dans le macérateur*).

Les jus forts produits pendant cette première période, étaient

envoyés à la fermentation (*ce qui réprésente, par kilog. de bette-*
raves, 1 litre 333 centimètres cubes de liquide employés, comme
extraction des jus). Puis, dans la seconde période, on coulait,
pendant une heure sur chaque macérateur, pour l'épuiser complétement, 4,000 litres de vinasses, qui étaient repris par la pompe
et se trouvaient élevés dans un réservoir, pour servir à d'autres
macérations.

On coulait donc dans cette usine des jus faibles sur cinq
macérateurs, dont le produit alimentait la fermentation ; un macérateur se vidait complétement de vinasses par la pompe, un
autre se vidait de pulpes et le dernier se remplissait à nouveau
de cossettes fraîches.

La fermentation des jus de betteraves s'opérait, aux Corbins,
avec une grande perfection, la température des jus envoyés pour
alimenter à continu les cuves, y variait de 18 à 22 degrés centigrades et ces jus étaient dosés à 3 millièmes d'acide sulfurique
pour une richesse de 3 degrés au densimètre.

La fermentation s'opère à continu dans les cuves H; c'est-à-
dire qu'on met en fermentation une première cuve au moyen de la
levure de bière et que pour les suivantes, on prend toujours du
liquide d'une cuve en fermentation (soit la moitié ou le 1/3 de
cette cuve), que l'on fait passer dans la cuve à emplir; puis on
alimente à continu sur cette cuve et également sur celle dont on
a pris une partie, les jus venant de la macération; toutes les cuves
se font ainsi à la suite, en empruntant du liquide en fermentation
de la précédente et le travail s'exécute pendant des mois sans
employer de levûre de bière.

Les jus fermentés sont distillés dans la colonne distillatoire
rectangulaire de notre système K, qui envoie les alcools bruts
dans le réservoir en tôle, et qui retourne à la macération ses vinasses chaudes épuisées. Le rectificateur N sépare de l'alcool brut
les éthers et les huiles essentielles, et le produit achevé à l'état
d'alcool fin, livrable au commerce, se rend dans le réservoir en
tôle O, où il se trouve emmagasiné à l'abri de tout coulage et de
l'évaporation jusqu'au moment de son expédition.

§ IV. — Devis approximatif du matériel d'une distillerie travaillant par jour 15,000 kilog. (300 zentnern) de betteraves, et livrant au commerce ses produits rectifiés à l'état de 3/6 fin à 96 et 97 degrés centésimaux.

1° Force motrice :

Un générateur de vapeur de quinze chevaux :

Tôle, 3,700 kilog. à 65 fr............. 2.405		
Fonte, 1,200 — à 45 —............. 540	3.275	»
Acccessoires, environ.................... 330		

2° Moteur :

Machine à vapeur de 5 chevaux. . . . . 2.200 »

3° Pompes :

Groupe de 3 pompes pour eau froide, jus faible et jus
fermentés. 850 »

Une pompe alimentaire. . . . . 850 »

Transmission de mouvement, à 1 fr. le kilog. environ. . 1.400 »

4° Distillation des jus fermentés :

Une colonne distillatoire rectangulaire en fonte, avec
satellites en cuivre. . . . . 5.600 «

5° Rectification des alcools :

Un rectificateur à chaudière en tôle, intermédiaire du n° 1
au n° 2. . . . . 6.000 »

6° Réservoirs en tôle divers, pesant ensemble environ
2,800 kil. à 65 fr. . . . . 1.820 »

7° Macération :

1 laveur de betteraves. 300		
6 macérateurs en bois 780		
6 portes en fonte. 240		
12 fonds percés, 450 kil. à 1 fr. 450	2.325	»
1 cuve à vinasses. 230		
1 coupe-racines. 325		

8° Fermentation :

4 cuves de 80 hectol. chacune. . . . . 960 »

9° Tuyauterie et robinetterie de l'usine, environ . . 2.000 »

Matériel complet : TOTAL (1). . . . . . . Fr.   27.280 »

---

(1) Soit environ 1,800 francs par 1,000 kilog. de betteraves travaillées par 24 heures.

§ V. — Devis approximatif du matériel d'une distillerie traitant par jour 20,000 kilog. (400 zentnern) de betteraves, et livrant au commerce ses produits rectifiés à l'état de 3/6 fin à 96 et 97 degrés.

1° Force motrice :

Un générateur de vapeur de 20 chevaux :

Tôle, 5,000 kilog. à 65 fr . . . . . . Fr. 3.250		
Fonte, 1,600 » 45 720	4.300	»
Accessoires, environ. 330		

2° Moteur :

Une machine à vapeur de 5 chevaux. . . . . 2.000 »

3° Pompes :

Groupe de 3 pompes pour eau froide, jus faibles et jus fermentés. 850 »

Une pompe alimentaire. . . . . 850 »

Transmission de mouvement, environ (1 fr. le kil.). . 1.500 »

4° Distillation des jus fermentés :

Une colonne distillatoire rectangulaire en fonte, avec satellites en cuivre. . . . . 6.600 »

5° Rectification des alcools :

Un rectificateur n° 2, à chaudière tôle. . . . . 6.600 »

6° Réservoirs en tole :

Un pour les alcools bruts, contenant 40 hectol., poids . . . . 800 kilog.

Un pour les alcools rectifiés, contenant 40 hectol., poids. 800

Un pour les mauvais goûts, contenant 25 hectol., poids 570

Un pour les jus faibles, contenant 25 hectol., poids. 375

Un pour l'eau froide, contenant 15 hectol., poids. 250

Un pour les jus fermentés, contenant 15 hectol., poids. 250

Un pour l'eau chaude, contenant 15 hectol., poids. 250

3.295 kilog.

à 65 fr. les 100 kilog.   2.142 »

A reporter . . . . Fr   24.842 »

Report . . Fr.   24.842   »

7 Macération :

Un laveur de betteraves.. . . . . Fr.   350

Six macérateurs en bois. 840

Six portes en fonte pour macérateurs 240

Douze fonds percés pour macérateurs, 500 kilog.

     à 1 fr.. 500   2.500   »

Une cuve à vinasse 300

Un coupe racines 350

8° Fermentation :

Quatre cuves de 110 hectol. chaque . . . . 1.320   »

9° Tuyauterie et robinetterie de l'usine :

Cuivre, bronze, fonte de fer, environ. . . . . 2.500   »

Matériel complet : TOTAL (1). . . . . 31.162   »

§ VI. — **Devis approximatif du matériel d'une distillerie travaillant par jour 35,000 kilog. (soit 700 zentnern) de betteraves, et livrant au commerce ses produits rectifiés à l'état de 3/6 fin à 96 et 97 degrés centésimaux.**

1° Force motrice :

Un générateur de vapeur de 30 chevaux :

Tôles, 7,400 kilog. à 65 fr. 4.810

Fontes, 2,400 kilog. à 45 fr . . . . 1.080   6.290   »

Accessoires, environ. 400

2° Moteur :

Machine à vapeur de 5 à 6 chevaux. . . . . 2.400   »

3° Pompes :

Une pour les jus fermentés. . . . .

Une à eau froide. . . . .

Une d'alimentation du générateur . . . . 2.600   »

Une à jus faibles . . . .

Transmission de mouvement, à 1 fr. le kilog . . . . 1.500   »

A reporter . . . . . Fr. 12.790   »

(1) Soit environ 1,550 francs par mille kilog. de betteraves, travaillées dans un jour.

Report . . . . . Fr.   12.790   »

4° Distillation des vins :

Une colonne distillatoire rectangulaire, en fonte, avec
satellites en cuivre, n° 3 . . . .   8.500   »

5° Rectification des alcools bruts :

Un rectificateur n° 1, à chaudière en tôle. . . . . . .   9.600   »

6° Réservoirs en tôle :

Un pour les alcools bruts, de 100 hectol., poids	1.850	kil.
Un pour les alcools rectifiés, de 50 hectol..	1.030	
Un pour les jus faibles, de 25 hectol. . .	570	
Un pour l'eau froide, de 25 hectol. . . .	570	
Un pour l'eau chaude, de 25 hectol. . .	525	
	4.345	kil.

à fr. 65 les 100 kilog. . . . .   2.824   »

7° Macération :

Un laveur à betteraves. . . . . Fr.	450
Huit macérateurs en bois.	1.240
Huit portes en fonte, pour macérateurs . . .	400
Seize fonds percés, 750 kilog. à 1 fr.	750
Une cuve à vinasses.	300
Un coupe-racines.	400

3.540   »

8° Fermentation :

Six cuves en bois, de 100 hectolitres chacune. . . . . .   1.800   »

9° La tuyauterie et robinetterie de l'usine,

variant suivant la disposition des locaux . . . . . .   3.500   »

Matériel complet : TOTAL (1) . . Fr.   42.354   »

Il ressort des trois devis qui précèdent, que plus le travail des
distilleries est important, moins le matériel coûte en proportion.

---

(1) Soit environ 1,200 francs par mille kilog. de betteraves, travaillées par 24
heures.

Ainsi, pour un travail de 15,000 kilog. de betteraves, la moyenne de la dépense par mille kilog. est de 1,800 francs , tandis qu'elle n'est que de 1,550 quand le travail est de 20,000 kilog., et de 1,200 francs seulement quand le travail de l'usine s'élève à 35,000 kilog. de betteraves par 24 heures.

Il y a donc avantage à établir les distilleries d'une certaine importance, d'abord sous le rapport du prix du matériel ; ensuite, sous le rapport de la rapidité du travail, qui fait qu'on traite les betteraves en un nombre de jours moins grand, ce qui diminue la dépense de main-d'œuvre.

Comme les pulpes se mettent en silos, le travail de la distillerie est indépendant de celui de la ferme. Les pulpes sont emmagasinées dans des fosses creusées tout simplement dans la terre, et s'emploient au fur et à mesure des besoins de la ferme. Ces pulpes, ainsi conservées, se gardent des années et sont meilleures au bout de quelque temps, parce qu'elles se combinent dans les silos avec la menue paille qu'on y mélange. Dans les départements du nord de la France, on trouve auprès de chaque établé un silo de pulpe, où l'on puise la nourriture du bétail.

Les trois devis qui précèdent sont susceptibles de variations ; ils sont établis sur les cours des métaux au mois de décembre 1872.

§ VII. — Distilleries agricoles de betteraves opérant par les râpes et les presses continues.

Nous avons, dans le chapitre précédent, parlé des distilleries pour les exploitations agricoles de moyenne importance ; nous traiterons, dans celui-ci, des distilleries à installer dans les grandes exploitations agricoles, ou à établir dans les centres de plusieurs fermes, pour travailler les betteraves de celles-ci et y retourner les pulpes produites dans l'usine.

Pour opérer plus en grand, il devient difficile d'employer le système de la macération des betteraves, à cause de la difficulté et des frais nécessités par le transport des pulpes, qui retiennent, par ce système, une proportion de liquide considérable.

Aussi, quand le travail à réaliser dépasse 40,000 kilog. de betteraves par 24 heures, nous engageons nos clients à employer le système des presses continues, et nous avons déjà installé ainsi bon nombre de distilleries, qui opèrent par jour sur 40 à 50 mille kilog. de racines, d'autres travaillent 100,000 kilog. Nous en avons même dont le travail est de 200 mille kilog. de betteraves par 24 heures.

Voici la légende explicative des figures 12 et 13.

A. — Local des générateurs.
B. —   »   de la machine et des pompes à eau et à jus fermenté.
C. —   »   pour les betteraves et laveur.
D. —   »   des presses continues.
E. —   »   des cuves de fermentation.
F. —   »   des appareils de distillation et de rectification des alcools.
G. —   »   des réservoirs en tôle pour loger les alcools fins rectifiés à 96°.

Fig. 12. — Ensemble d'une distillerie agricole travaillant les betteraves par le système des presses continues (1).

(1) Installation exécutée en Angleterre et appliquée à la loi anglaise régissant les distilleries.

Fig. 13. — Vue en plan de la distillerie agricole, marchant par les presses continues.

§ VIII. — **Presse continue de M. Auguste Collette.**

Nous avons jusqu'ici employé le plus souvent les presses continues du système Pecqueur, perfectionnées par M. Auguste Collette. Elles donnent en distillerie des résultats très-satisfaisants.

Voici comment opèrent ces presses : Les betteraves sont râpées ; la pulpe tombant de la râpe est aspirée, au fur et à mesure de sa production, par une pompe foulante qui l'injecte sous une pression de une et demie à deux atmosphères dans les presses continues à l'action des cylindres perméables. Sous l'influence de ce double système, le jus se sépare de la pulpe en passant à travers les cylindres, s'écoule dans un tamiseur circulaire mécanique et, de là, est dirigé, dans un état d'épuration parfaite, dans les cuves de fermentation.

La pulpe, soumise à deux laminages successifs dans la même presse, s'échappe des cylindres pressée à raison de 25 à 30 0/0 du poids des betteraves, selon leur nature plus ou moins ligneuse, et tombe à l'une des extrémités du délayeur-macérateur, où elle se trouve immédiatement en contact avec la vinasse chaude venant des colonnes à distiller.

Cette pulpe, dans sa circulation d'une extrémité à l'autre du délayeur-macérateur à palettes, subit, par le mouvement et la division des molécules, une macération tout à fait complète. Elle est alors aspirée de nouveau par une dernière pompe qui la foule dans d'autres presses semblables aux premières, où elle subit une pression aussi énergique que la première fois, et de là est dirigée par un conduit, directement à l'extérieur des bâtiments, dans les wagons ou les magasins. Le jus faible provenant de cette deuxième pression, additionné alors de la quantité d'acide nécessaire, s'écoule directement et en totalité sur la râpe, pour en faciliter les fonctions, en remplacement de l'eau employée habituellement. De cette manière, la densité du jus de première pression mis en fermentation, au lieu d'être affaiblie, se trouve maintenue de 3 à 4 degrés du densimètre.

Ce travail étant très-rapide est, suivant nous, supérieur encore à celui de la macération ; il procure d'excellentes fermentations, et les pulpes produites sont comparables à celles provenant des sucreries de betteraves. On en obtient environ 25 à 30 0/0.

Nous donnons, fig. 14, le plan de la presse de M. Auguste Collette :

Fig. 14. — Presse continue de M. Collette, pour l'extraction du jus de betteraves.

§ IX. — Emploi des vinasses comme engrais.

Les distilleries fonctionnant par les presses continues emploient en partie les vinasses sortant de l'appareil distillatoire, pour laver les pulpes ayant subi une première pression et en extraire le jus que cette première pression y laisse, parce que, dans l'état actuel de construction de ces presses continues, elles ne donnent pas encore, d'une seule opération, une quantité de jus égale à celle fournie par les presses hydrauliques. Le surplus des vinasses qui n'est pas employé à ce travail est aussi utilisé dans les fermes : — ces vinasses sont envoyées au loin au moyen de rigoles en bois; elles sont déversées sur les terres et y apportent un engrais excellent.

Pour fertiliser un champ, on forme tout autour un petit remblai de terre pour empêcher la vinasse d'aller au delà, et on y envoie les vinasses pendant plusieurs semaines.

La récolte de betteraves obtenue l'année suivante est d'une abondance remarquable. Rien n'est ainsi perdu pour l'agriculture, et les centres agricoles où se trouvent des distilleries gagnent chaque année en richesse et en valeur.

§ X. — **Pompe à tiroir de M. Désiré Savalle, appliquée à refouler les pulpes de betteraves dans les presses continues.**

Un des inconvénients les plus graves, une des causes d'arrêt de travail les plus fréquentes dans l'emploi des presses continues était dû aux pompes qu'on employait, dans le principe, pour refouler les pulpes de betteraves dans ces presses.

Ces pompes, à boulets, s'obstruent et s'arrêtent aussitôt que la pulpe n'est plus assez chargée de liquide, ou quand un talon de betterave échappé de la râpe vient s'y loger.

Après un travail assez long et des essais coûteux, l'écrivain est arrivé à combiner une *pompe à tiroir* (fig 15) qui fonctionne dans la perfection et met le travail à l'abri des causes d'arrêt dues à l'emploi des pompes d'autres systèmes.

Cette nouvelle pompe est le complément et le perfectionnement indispensable des presses continues.

Fig. 15. — Pompe à tiroir, de M. Désiré SAVALLE, appliquée à refouler les pulpes de betteraves dans les presses continues

Voici la légende explicative de cette machine :

a. — Cylindre contenant le piston plein de la pompe.

b. — Boîte contenant tiroir équilibré de la pompe.

c. — Tubulure pour l'arrivée des pulpes.

On peut appliquer sur celle-ci un bac formant entonnoir où se déverse la pulpe de la râpe, ou l'appliquer directement sous le délayeur de pulpes de la seconde pression ; ce délayeur forme alors lui-même e ntonnoir.

d. — Conduite pour la pulpe refoulée dans les presses.

e. — Soupape de sûreté, laissant retourner par *h* les pulpes dans le moment où les presses sont obstruées ; ces pulpes retournent dans le réservoir ou dans le délayeur.

f. — Bielle d'actionnement de la pompe.

g. — Bielle du tiroir.

i. — Tige de compensation du tiroir.

L'ensemble de la construction de cette pompe est très-simple. Les engrenages y sont supprimés et la mise en mouvement se fait par une ou, à volonté, par deux courroies de transmission.

Dans le principe, j'ai commencé par appliquer à ma pompe le tiroir simple non compensé ; il fonctionne bien, tant que la pompe n'a pas à refouler les pulpes à une forte pression, mais aussitôt que cette pression s'opère, la pompe s'arrête par le frottement, qui devient tel, qu'il force d'arrêter la marche sous peine de rompre le mouvement.

Il manquait à ce système un tiroir compensé que j'y ai appliqué ensuite. A partir de cette application, cette pompe a donné les meilleurs résultats, elle fonctionne sans frottement, et peut refouler des pulpes à de très-grandes pressions, sans jamais se déranger.

Dans des expériences de pression continue que j'ai faites et que je continue encore en ce moment, de la pulpe a été pressée, au moyen de cette pompe, jusqu'à 60 atmosphères ; pour alimenter les presses à rouleaux du système Collette ou autres, on ne refoule la pulpe que de un à deux atmosphères au plus.

§ XI. — Devis approximatif du matériel d'une distillerie travaillant par jour 40,000 kilog. de betteraves par les presses continues.

1° Force motrice :

Deux générateurs de vapeur de 30 chevaux chacun,
   pesant ensemble :

Tôle, 15,000 kilog. à 65 fr.	9.750		
Fonte, 4,800 — 45	2.160	12.510	»
Accessoires, environ.	600		

2° Moteurs :

Une machine à vapeur de 18 chevaux pour l'atelier
   d'extraction des jus. . . . . 6.000 »
Une machine de 5 chevaux pour actionner les pompes   2.200 »

A reporter . . . . . . Fr.   20.710 »

Report . . . . . Fr. 20.710 »

3° Extraction des jus :

Un laveur épineur. . . . . .Fr.	1.620	
Une râpe centrifuge avec tambour de rechange.	2.300	
Un bac à pulpes, en fonte	200	
Deux presses continues	8.000	
Un bac à eau acidulée	100	18.670 »
Deux tamiseurs de pulpes folles	750	
Deux pompes à pulpes	3.000	
Transmissions, consistant en arbres, chaises, engrenages, poulies, environ	2.700	

4° Pompes :

Une pompe à eau.		
Une pompe à jus fermentés.	2.500 »	
Deux pompes alimentaires.		

5° Distillation des jus :

Une colonne distillatoire en fonte de fer, avec satellites en cuivre. . . . .   9.050 »

6° Rectification des alcools :

Un rectificateur n° 3, avec chaudière en tôle. . . . . .   9.600 »

7° Réservoirs en tôle :

Un de 100 hectolitres pour les alcools bruts ;
Un de 50   —   pour les alcools rectifiés ;
Un de 25   —   pour l'eau froide ;
Un de 25   —   pour l'eau chaude ;
Poids ensemble, environ 4,000 kil. à 65 fr. . . . .   2.600 »

8° Fermentation :

Six cuves en bois de 140 hectolitres chacune, environ   2.520 »

9° Tuyauterie et robinetterie :

Variant suivant les locaux de l'usine. . . . .   3.500 »

Matériel complet, environ. . . . .Fr   69.600 »

§ XII. — **Rendement alcoolique des betteraves et prix de revient d'un hectolitre d'alcool.**

En *Autriche*, les moyennes de rendement des usines installées par notre maison ont été, jusqu'ici, de 6 0/0 d'alcool fin à 90 degrés, en raison de la qualité spéciale des betteraves qu'on y cultive.

En *France*, ce rendement a été, cette année, de 5 litres 1/2 à 90 degrés par 100 kilog. de betteraves.

Pour le rendement des betteraves en pulpe servant à la nourriture du bétail, 100 kilog. de betteraves fournissent, en moyenne, 65 kilog. de pulpes cuites, dont la valeur nutritive est supérieure à celle de la betterave crue.

Voici le prix de revient de cent litres d'alcool fin, d'après les livres d'une distillerie agricole travaillant par jour 25,000 kilog. de betteraves.

1° Betteraves, 1,792 kilog. (soit 1,800), à 18 fr..................	32 fr.	40
2° Charbon, 120 kilog. à 30 fr. la tonne.....................	3	60
3° Acide, 2 kilog. à 20 fr.......................................	»	40
4° Main-d'œuvre...	3	»
5° Frais divers, intérêt, amortissement.....................	5	60
	45	»
Dont il faut déduire 1,170 kilog. de pulpes, à 10 fr. la tonne..	11	70
Les 100 litres de 3/6 fin reviennent à.....................	33	30
Le logement en pipes en bois a coûté.....................	4	70
Prix net :	38 fr.	»

Cette usine a produit l'alcool fin à 38 fr. les cent litres, à 90 degrés.

Ce prix de revient varie suivant le rendement de la betterave et suivant le nombre des jours de travail ; mais il prouve, quand on le rapproche des cours commerciaux des alcools, que nous donnons à la page suivante, que la distillerie agricole bien montée est et restera toujours une excellente opération.

§ XIII. — **Cours moyen des alcools depuis 20 ans à Paris.**

Nous avons réuni, dans le tableau synoptique suivant, les prix moyens de l'esprit fin de première qualité à 90 degrés, à la Bourse de Paris, depuis vingt ans. Ce document est fort intéressant ; car il montre les taux élevés auxquels peuvent atteindre les alcools, et il prouve aussi que les bas prix ne sont que temporaires et qu'ils n'ont jamais cessé d'être rémunérateurs pour le producteur. Ainsi donc, le travail du distillateur bien monté est toujours productif, et bien souvent il donne des profits considérables.

TABLEAU COMPARATIF DES COURS MOYENS DE CHAQUE MOIS DE L'ESPRIT FIN, 1re QUALITÉ 90°

A LA BOURSE DE PARIS, DEPUIS 20 ANS.

ANNÉES	JANVIER	FÉVRIER	MARS	AVRIL	MAI	JUIN	JUILLET	AOUT	SEPTEMBRE	OCTOBRE	NOVEMBRE	DÉCEMBRE	MOYENNE.
1852	61 75	73 20	71 50	71 55	78 85	76 30	91 70	96 35	91 65	108 55	123 55	122 40	88 95
1853	119 05	116 30	107 70	108 15	99 50	97 25	119 90	128 70	171 35	162 50	171 20	186 80	132 36
1854	180 20	159 60	142 45	134 75	135 06	167 84	178 67	186 16	175 42	171 30	167 88	158 84	163 18
1855	132 21	129 33	131 66	129 54	128 88	127 11	124 37	127 84	121 20	113 85	109 64	110 90	123 88
1856	107 65	101 85	97 45	108 »	108 65	119 75	143 90	148 65	129 60	135 70	139 75	136 85	123 15
1857	126 70	121 70	122 70	123 25	119 50	111 75	114 85	108 45	105 85	107 95	78 18	73 07	109 49
1858	63 86	60 25	58 76	53 42	50 48	55 07	53 70	54 59	51 60	49 78	59 68	65 54	56 40
1859	67 90	69 13	67 90	67 60	83 67	93 68	86 04	85 56	94 81	105 84	103 36	92 87	84 86
1860	88 10	92 80	111 11	105 72	107 12	105 08	96 42	99 11	104 18	103 40	98 34	96 78	100 68
1861	103 57	101 47	101 55	104 67	101 79	93 66	88 85	87 27	89 70	87 16	78 80	71 16	92 47
1862	75 19	75 60	74 31	75 63	66 63	68 52	73 50	79 22	82 21	74 83	67 57	62 73	72 99
1863	66 55	63 83	63 71	63 30	64 78	64 48	66 51	80 44	73 09	70 12	73 50	80 07	69 20
1864	81 54	74 96	73 82	73 38	75 12	69 01	62 95	68 85	76 95	70 68	61 17	62 55	70 91
1865	60 74	52 84	52 61	52 58	53 41	55 82	56 59	51 12	48 97	49 37	44 81	43 40	51 85
1866	43 16	44 71	47 90	51 38	53 48	53 71	56 01	47 95	60 63	60 03	60 37	60 34	53 30
1867	62 87	60 56	59 63	63 55	59 65	59 19	64 67	65 42	67 19	67 31	61 40	63 97	62 95
1868	64 54	70 04	79 46	85 14	86 17	82 90	72 05	72 32	74 09	72 06	74 06	73 85	75 55
1869	71 10	60 07	68 26	68 20	67 30	62 08	62 97	63 94	4 52	64 80	59 91	55 06	64 77
1870	54 74	57 73	61 88	61 95	65 06	70 30	64 90	60 40	50 97	60 36	66 92	76 85	62 67
1871	109 50	109 90	80 70	83 50	81 82	80 47	67 13	56 25	58 53	54 53	56 84	»	77 05
Moyen	87 04	85 21	84 20	84 26	83 4	85 70	87 28	88 43	89 63	89 50	87 84	89 15	86 53

Le prix moyen des 20 années est de 86 francs 53 c.

Il résulte de ce document que, durant vingt ans (de 1852 à 1871), le prix moyen de l'hectolitre d'alcool a été de 86 fr. 53 c.;

de 1852 à 1857, les cours ont atteint des taux très-élevés, qui ont failli toucher, en août 1854, à 200 francs. En 1858 et en 1859, les prix ont subitement baissé dans une proportion très-forte ; ils se sont raffermis en 1860 et 1861, pour revenir dans les années suivantes à des chiffres moins élevés, mais toujours très-rémunérateurs pour le producteur et le fisc, dont l'impôt sur l'alcool forme une des branches les plus importantes.

De toutes nos industries, celle des alcools est la plus florissante ; car elle a toujours su résister aux désastres politiques ou économiques qui ont tant d'influence, malheureusement, sur la plupart de nos fabriques indigènes. De toutes les industries aussi, c'est elle qui peut le plus pour la prospérité agricole de la France. Elle n'épuise point les terres ; car elle leur rend des engrais abondants, et sa générosité est extrême, puisqu'elle donne encore un produit dont l'industrie et la consommation humaine ne peuvent pas se passer.

§ XIV. — Production, conservation et emploi de la levûre de betterave.

Nous avons, il y a quelque temps, breveté un système qui, lorsqu'il sera appliqué généralement, viendra encore augmenter les produits des distilleries de betteraves. Ce procédé consiste à extraire des fermentations de betteraves une partie de la levûre qu'elles contiennent en excès, à la conserver par une nouvelle méthode et à l'utiliser en la vendant aux distilleries de mélasses. Nous avons extrait et conservé de la levûre de betteraves pendant des mois entiers et nous l'avons ensuite employée à fermenter des mélasses ; cette levûre nous a donné des fermentations excellentes et supérieures à celles obtenues par l'emploi de la levûre de bière.

Un des points essentiels pour obtenir la levûre de betteraves est de fermenter à basse température, c'est-à-dire d'envoyer les jus de betteraves à la fermentation de 18 à 20 degrés centigrades. Pour l'extraire, on prend (au moyen d'une installation spéciale que nous indiquerons à nos clients) la partie supérieure des cuves ; avant l'achèvement final de la fermentation, ce liquide est passé dans un appareil de filtration qui retient la levûre et laisse retourner à la cuve le jus fermenté pour être distillé. La levûre est ensuite lavée, on y ajoute la proportion d'un produit que nous indiquons pour sa conservation ; puis elle est enfin envoyée à la distillerie de mélasse, qui l'utilise immédiatement ou qui la conserve jusqu'au moment où elle en a besoin.

Des quantités considérables de levûre sont perdues tous les ans par les marchands de levûre et par les distillateurs, qui la reçoivent et ne peuvent souvent pas l'employer à son arrivée. Toutes ces pertes seront évitées par les personnes qui voudront bien s'entendre avec nous pour appliquer notre nouveau procédé de conservation, applicable aux levûres de toutes provenances.

§ XV. — Nomenclature des distilleries de betteraves les plus importantes montées en France par la maison Savalle.

NOMS DES INDUSTRIELS	DEMEURES	DÉPARTEMENTS	QUANTITÉS d'alcool pouvant être travaillées par jour	Quantités d'appareils remplacés par les nôtres	OBSERVATIONS ET RENSEIGNEMENTS
		FRANCE			
Aussière................	Créteil.........	Seine.....	5.000		
Bourdon................	Remy.........	Oise......	8.000	4	
Boulanger..............	Saleschez.......	Nord.....	2.500		
Abel-Bresson............	Fougerolles.....	H.-Saône..	3.600	2	Deuxième usine à Dijon.
Auguste André..........	Brissay Choigny..	Aisne....	2.000		
Belin.................	Brie Comte-Robert	S-et-Marne	8.000	3	Décoré chevalier de la Légion d'honneur. Seule médaille accordée pour les alcools à l'Exposition universelle 1867.
Le même, 2e apareil......	—	—	3.600		
Bigo-Tilloy et fils........	Lille..........	Nord.....	3.600	7	
Les mêmes, 2e appareil....	—	—	3.600		
— 3e appareil....	—	—	3.600		
— 4e appareil, colonne distillatoire pour les grains.............	—	—	9.000		
— 5e appareil, colonne distillatoire pour les betteraves.........	—	—	9.000		
Birault................	L'Isle.........	D.-Sèvres.	2.400		Distillerie agricole.
Boillon et Blondeau....... (Abel-Bresson, successeur)	Dijon.........	Côte-d'Or.	7.200	2	
Bergolt et Thomin........	Couvrelles......	Aisne....	3.000		
Boyer frères.............	Aurioles........	B.-du-Rh..	3.000	3	Distillerie de maïs.
Les mêmes, 2e appareil...	—	—	3.000		
Braconnier..............	Chavagné.......	D.-Sèvres.	2.500		Distillerie agricole.
Brangier...............	Aux Étrées.....	D.-Sèvres.	2.500		
Caille	Chaintereaux....	S-et-Marne	7.000	2	Cultivateur.
Christmann, Shulinger et Schultz..............	Colmar.........	H.-Rhin...	1.000	2	
Chatriot-Wallet..........	Trémonvillers..	Oise.....	1.500		Distillerie agricole.
Le même, 2e appareil, colonne distillatoire.......	—	—	1.500		
A reporter......			98.100		

NOMS DES INDUSTRIELS	DEMEURES	DÉPARTEMENTS	QUANTITÉS d'alcool pouvant être travaillées par jour	Quantités d'appareils remplacés par les nôtres	OBSERVATIONS ET RENSEIGNEMENTS
	Report.		98.100		
René Collette. . . . . 2ᵉ appareil, colonne en fonte rectangulaire.	A Moënes français. . . . . —	Nord. . . . . —	12.000 12.000		
A. Collette.	Seclin.	Nord.	5.000		
A. Decauville.	Pt-Bourg, près Evry.	S.-et-Oise.	8.000	3	Prime d'honneur du Concours régional. — Ateliers de construction de machines à vapeur.
Félix Dehaynin . . . . *Le même*, 2ᵉ appareil, colonne distillatoire pour 80,000 kilogrammes de betteraves par jour.	Aux Corbins, près Lagny. . . . . . . —	S-et-Marne —	3.600 4.000	3	Négociant, 58, rue d'Hauteville, à Paris. Établissement des charbons agglomérés; médaille d'or à l'Exposition universelle de 1867. Fabrique de produits chimiques à Aubervilliers pour la distillation des goudrons, la benzine, etc.
Victor Denis et Cᵉ.	Saint-Denis	Seine.	8.000		
Durand.	Ivry-le-Temple. .	Oise.	2.500		Maire de la commune de Bornel.
Le même, 2ᵉ appareil.. . . .	Bornel.	—	2.500		Distilleries agricoles.
Paul Ernault.	Denizy	S.-et-Oise.	1.000		
Fretin et Ghestem	Deulemont, p. Quesnoy-sur-Deule.	Nord.	5.000		
Fournier, Laveaux, Bailly et Léon Petit.	Choconin, près Meaux.	S-et-Marne	3.600	2	M. Fournier, chevalier de la Légion d'honneur, maire de la ville de Meaux, membre du conseil général du département.
La Société de Ferrière-la-Grande.	Près Maubeuge. . .	Nord.	2.500		
Gomaux et Cᵉ.	Tournes. . . :	Ardennes .	3.500		
Goblet fils et Cᵉ.	Angoulême	Charente .	2.500		
	A reporter.		173.800		

NOMS DES INDUSTRIELS	DEMEURES	DÉPARTEMENTS	QUANTITÉS d'alcool pouvant être travaillées par jour	Quantités d'appareils remplacés par les nôtres	OBSERVATIONS ET RENSEIGNEMENTS
	Report		173.800		
Guissez et Cousin	Persan.	Oise	6.000		Négociants en charbons à La Villette, quai de Seine, 61. — Entrepreneurs de dragages par bateaux à vapeur.
Les mêmes, 2ᵉ appareil	—	—	6.000		
Th. Gontard	Courthézon	Vaucluse . .	2.500		
Le même, 2ᵉ appareil	—	—	2.500		
Journeil	Melun	S-et-Marne	2.400		
A. Kruger et Cᵉ	Échiré, par Niort.	D.-Sèvres.	3.000		
2ᵉ appareil, colonne rectangulaire en fonte	—	—	3.000		
Lamarque	Juilles	Gers	500		
Lamblin	Marquettes p. Lille	—	5.000	3	
Leduc	Frocourt	Oise	1.000		
Legrand (Charles)	Château de Sassy, par Jort	Calvados . .	1.500		Les alcools de cette distillerie agricole ont remporté, à l'Exposition internationale du Havre en 1868, la Médaille d'or.
Le même, 2ᵉ appareil	—	—	1.500		
— 3ᵉ *appareil*	—	—	2.500		
Legrand	Paris	Seine	2.500		
Le mémᵉ, 2ᵉ appareil	—	—	3.600		
— 3ᵉ *appareil*	—	—	9.000		
Le Coq	Mansn	Sarthe	2.500		
Lefebvre	Radinghem	Nord	5.000		
Lemaitre	Baquepuis.	Eure	1.000		
Le même, 2ᵉ appareil	—	—	1.000		
Émile Leroy	Mesnil-St-Firmin.	Oise	2.500		
Lejeune	L. Brosse	Indre	3.600		Distillerie agricole de betteraves.
Le même, colonne distillatoire	—	—	3.600		
Lignières	Villeneuve - les - Chanoines	Aude	1.000		Rectification d'alcools de vins et de marcs.
Le même, 2ᵉ appareil	—	—	2.500		
Magnant	Alfort	Seine	5.000		
G. Marchandise	Frégicourt	Oise	3.000		
Le même, 2ᵉ appareil	—	—	3.600		
	A reporter		260.600		

NOMS DES INDUSTRIELS	DEMEURES	DÉPARTEMENTS	QUANTITÉS d'alcool pouvant être travaillées par jour	Quantités d'appareils remplacés par les nôtres	OBSERVATIONS ET RENSEIGNEMENTS
Report			260.600		
Marin-Darbel	Arton.	Indre	3.000		
Le même, colonne distillatoire	—	—	3.600		
Michaux (Jules)	Bonnières.	S-et-Oise .	3.600	3	Lauréat de la prime d'honneur du concours régional de Versailles en 1865.
Le même, 2e appareil.	—	—	3.600		
— 3e appareil	—	—	3.600		
— 4e appareil	—	—	7.000	3	
Mignot et Co	Saint-Mandé.	Seine	3.600	3	
Millot-Pilloy	Clary.	Nord.	2.500		
Le même, colonnes distillatoires	—	—	2.500		
Morlandet	Saint-Léger.	Loire.	1.000		
Le même	—	—	1.000		
Mettavant	Xiroux	Vosges. . .	1.000		
Nitot fils et Racine	Meaux.	S-et-Marne	2.400		Distillateurs liquoristes et rectificateurs d'alcools.
2e appareil	—	—	3.600		
Normand	Vaulvrancourt. . .	P.-de-Calais	2.500		
2e appareil, colonne rectangulaire en fonte.	—	—	2.500		
Pasquesoone, Taffin et Co. .	La Gorgue.	Nord.	4.000		Distillerie de betteraves.
Les mêmes, 2e rectificateur.	—	—	3.000		
Perdrizet	Soissons.	Aisne	5.000		
(Blanjot, successeur)					
Le même, 2e appareil	—	—	5.000		
Alfred Pennelier	La Neuville-Roy.	Oise.	3.600		
colonne rectangulaire . . .	—	—	3.600		
Arthur Pouillet	Niort.	D.-Sèvres.	2.500		
E. Rayon	Croix-de-Berny. . .	Seine.	8.000		3/6 marque supérieure.
Le même, 2e appareil	—	—	8.000		
Rivière	Pecqueux.	S-et-Marne	5.000	3	Distillerie de la Faisanderie.
Rivière et Co	Argenteuil.	Seine	7.000		
Rommel frères	Lille.	Nord.	3.600		Négociants en 3/6 à Lille.
Le même, 2e appareil	—	—	5.000		
Roy	Tonnerre	Yonne. . . .	3.600		
À reporter			374.800		

NOMS DES INDUSTRIELS	DEMEURES	DÉPARTEMENTS	QUANTITÉS d'alcool pouvant être travaillées par jour	Quantités d'appareils remplacés par les nôtres	OBSERVATIONS ET RENSEIGNEMENTS
	Report		374.500		
H. Sailland.	Angers	Maine-et-L.	1.500		
A. Savalle	Saint-Denis	Seine	3.600		Ancienne usine de l'inventeur.
Le même, 2ᵉ appareil.	—	—	8.000	4	
Triboulet.	Assainvilliers . . .	Somme. . .	2.500		Lauréat de la prime d'honneur.
2ᵉ appareil, colonne distillatoire rectangulaire en fonte.	—	—	2.500		
Thiry frères	Nancy.	—	100		
Turin	Châteaude Cornuz	Cher.	3.000		
2ᵉ appareil, colonne en fonte.	—	—	3.000		
Vauvillé	Toutifaut, près Issoudun.	Indre	1.000		
Violet.	Aubigny.	S-et-Marne	3.600	2	
Ed. Vouters.	Halluin.	Nord.	4.000		
Georges Wousseu.	Armentières.	Nord.	6.500		
2ᵉ appareil, colonne distillatoire.	—	—	5.000		

TOTAL. . . . . 418.800 *litres d'alcool de betteraves pouvant être produits par jour en France par les appareils* SAVALLE.

§ XVI. — Nomenclature des distilleries de betteraves les plus importantes montées à l'étranger par la maison Savalle.

NOMS DES INDUSTRIELS	DEMEURES	DÉPARTEMENTS	QUANTITÉS d'alcool pouvant être travaillées par jour	Quantités d'appareils remplacés par les nôtres	OBSERVATIONS ET RENSEIGNEMENTS
Report.			418.800		
ANGLETERRE					
Robert-Campbell	Château à Buscot-Park.	Berskshire	10.000		Première distillerie de betteraves montée en Angleterre.
Le même, pour augmentation du travail de son usine	—	—	12.500		
Deux appareils	—	—	3.000		
AUTRICHE					
Camillde Laminet . . . . :	Gattendorf	—	1.500		
Le même, 2ᵉ appareil, colonne distillatoire	—	Silésie . . .	1.500		
Latzel	Batzdorff	—	4.000		
Le même, 2ᵉ appareil	—	—	4.000		
J. Latzel et Cᵉ	Pawlowitz.	Moravie . .	2 500		Distillerie de betteraves.
Les mêmes, 2ᵉ appareil	—	—	2.500		
Alexandre Schœller et **Carl Leidenfrost**	Leva.	Hongrie . .	2.050		Fermiers des domaines du prince Esterhazy. Annuellement 10,000 moutons et 1,000 têtes de gros bétail sont engraissés dans ce domaine.
Les mêmes, 2ᵉ appareil . . .	—	—	2.000		
Pour une seconde usine . . .	Gêne	—	2.800		
4ᵉ appareil	—	—	2.800		
Karl Kammel et Cᵉ	Grusbach.	Moravie . .	2.400		Distillerie agricole de betteraves.
Les mêmes, 2ᵉ appareil, colonne distillatoire	—	—	2.400		
Schultz et Pollak		Hongrie . .	3.000		Distillerie de betteraves.
Les mêmes, 2ᵉ appareil, colonne distillatoire	Falkas-Dovorany.	—	3.000		
Ed. Siegl et Cᵉ	Szolcsan	—	2.500		
A reporter.			484.200		

NOMS DES INDUSTRIELS	DEMEURES	DÉPARTEMENTS	QUANTITÉS d'alcool pouvant être travaillées par jour	Quantités d'appareils remplacés par les nôtres	OBSERVATIONS ET RENSEIGNEMENTS
	Report		484.200		
BELGIQUE					
Auguste Dumont	Chassart	Brabant . .	3.600		
Carbonnelle Nérinckx	Tournai	Hainaut . .	4.000	3	Mention honorable pour ses alcools. Exposition universelle de 1867.
Les mêmes, 2e appareil	—	—	4.000		
Félix Witouck	Leeuw-St-Pierre, p. Bruxelles . .	Brabant . .	4.500		
—	—	—	3.600		
—	—	—	4.000		
ITALIE					
Baron Cavalchini de Saint-Séverin	Savigliano		1.500		Première distillerie de betteraves montée en Italie.

TOTAL . . . . . . 572.800 *litres d'alcool de betteraves pouvant être fabriqués par jour par les appareils Savalle.*

CHAPITRE TROISIÈME

§ I. — **Distillation des grains et des pommes de terre
par le malt**.

La distillation des grains par le malt offre de précieuses ressources à l'agriculture ; elle procure en été des résidus excellents, pour le bétail, qui remplacent à bon compte les fourrages souvent chers et rares à cause de la sécheresse. Les vaches laitières alimentées par ces drèches, fournissent une grande quantité de lait et celui-ci est excellent.

Les distilleries de grains sont une des grandes causes de la richesse agricole de la Hollande et de la Belgique. A Schiedam, à Delfshaven et à Rotterdam il existe, dans un périmètre de six lieues carrées, environ quatre cent cinquante distilleries de grains ; elles produisent, d'une part, des alcools et des genièvres qui sont exportés dans le monde entier. D'autre part, elles fournissent des drèches qui servent chaque année à l'engrais de plus de cent mille bœufs.

En Belgique, les distilleries de grains sont moins nombreuses, mais elles ont une importance plus grande. Chez notre client, M. Wittouck, à Leeuw-Saint-Pierre près Bruxelles, on voit des étables contenant cinq cents têtes de gros bétail. Tout le territoire de Hasselt, qui n'offrait il y a quelques années que des bruyères, s'est transformé en bonnes terres, grâce au résidu fourni par les nombreuses distilleries de grains qu'on y a montées.

L'agriculture de l'Allemagne du Nord tire son plus grand produit des distilleries de pommes de terre. Le sol y est généralement sablonneux et se prête exclusivement à cette culture ; aussi chaque ferme a-t-elle sa distillerie, qui produit de l'alcool et des résidus abondants pour l'engraissement du bétail.

La distillation des grains, ou celle des pommes de terre, est donc une excellente opération dans les contrées où il y a impossibilité de cultiver la betterave ; en la pratiquant on apporte à la ferme :

1° Le bénéfice résultant de la production de l'alcool ;

2° Des résidus excellents qui produisent de la viande et des laitages ;

3° Une quantité considérable d'engrais empruntés à la terre qui a fourni le grain.

C'est donc une très-productive opération agricole, qui déjà a été appréciée et qui est appliquée chez plusieurs distillateurs agriculteurs, dont nous avons installé les usines.

Nous donnons, figures 16, 17 et 18, le plan d'une usine spécialement installée en vue de la distillation des grains par le malt ; la distillation des pommes de terre exige à peu près le même matériel.

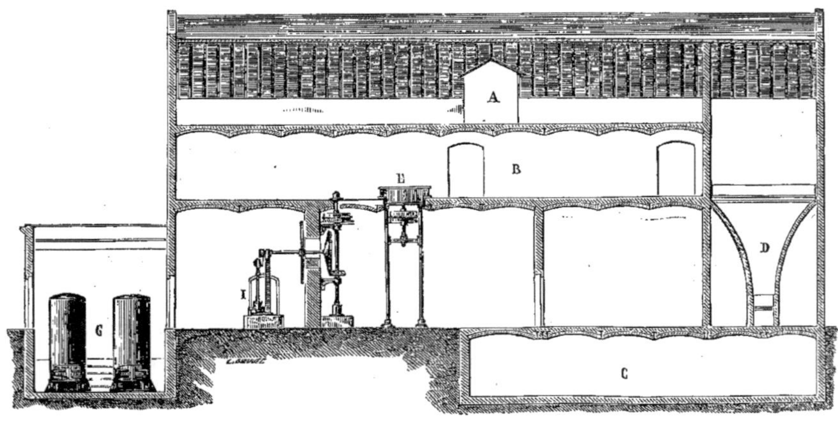

Fig. 16. — Vue en élévation d'une distillerie de grains.

Voici la légende explicative de la vue en élévation :

A. — Le grenier à grains.
B. — Le grenier à farines.
C. — Cave où se fait le malt.
D. — Touraille pour sécher le malt.

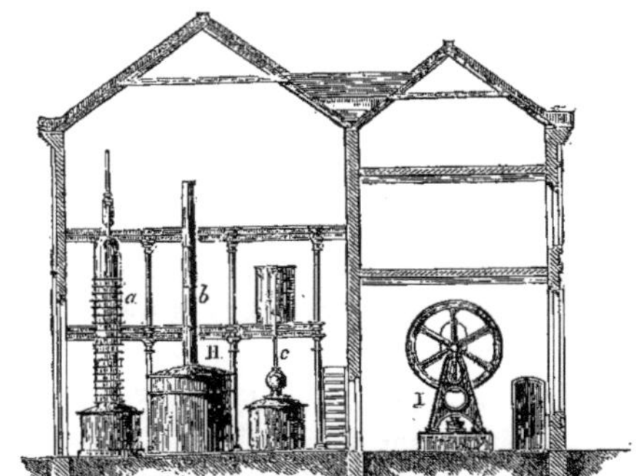

Fig. 17. — Local des appareils et de la machine à vapeur.

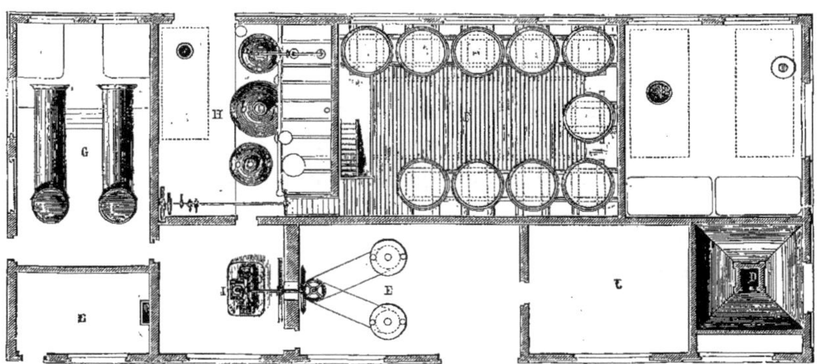

Fig. 18. — Vue en plan d'une distillerie de grains.

Dans la vue en plan, nous trouvons les détails suivants:

E. — Les deux paires de meules pour moudre les grains.

F. — Le local de fermentation contenant dix cuves en bois.

G. — Les générateurs: ils sont ici tubulaires; mais en général, pour les montages lointains, il se montent à bouilleurs, parce que ce système est très-simple et peu sujet à réparation.

H. — Local des pompes et des appareils de distillation, de production, de genièvre et de rectification.
I. — Machine à vapeur.
J. — Tonnellerie.
K. — Magasin à alcool.
L. — Bureau de la distillerie.

Pour distiller les pommes de terre on ajoute à ce matériel un laveur, deux tonneaux en bois, où les pommes terre se cuisent à la vapeur, et deux paires de cylindres broyeurs pour les réduire en bouillie.

Les distilleries de grains du nord de la France qui se servent de nos appareils, obtiennent d'un mélange de 80 kilog. de seigle et de 20 kilog. de malt, de 30 à 32 litres d'alcool fin rectifié (base de 90 degrés).

Les pommes de terre donnent de 8 à 10 0/0 d'alcool pur suivant leur qualité.

§ II. — Devis approximatif du matériel d'une distillerie opérant par le malt et travaillant par jour 6,000 kilog. de maïs, de seigle, d'orge ou d'autres grains.

1° Force motrice :
Deux générateurs de vapeur de la force de 35 chevaux
   chacun.
Tôle, 17,400 kilog. à 65 fr. les 100 kilog. Fr.   11.310 ⎫
Fonte, 5,600 »   45   »   2.520 ⎬   14.430 »
Accessoires, environ . . . .   600 ⎭

2° Moteur :
Machine à vapeur de la force de 12 chevaux. . . . . .   5.000 »

3° Moulin :
Pour la mouture des grains. . . . .   7.000 »

A reporter. . . . . Fr.   26.430 »

Report. . . . . Fr.   26.430   »

4° Distillation et rectification :

Une colonne distillatoire en fonte et satellites en cuivre.   10.500   »

Un appareil de rectification des alcools, à chaudière en
tôle. . . . .   9.600   »

5° Pompes :

Une pompe à vin ou jus fermenté, en bronze . . . . ⎫

Une pompe en fonte pour l'eau froide . . . . . . ⎬   3.500   »

Deux pompes alimentaires . . . . ⎭

6° Macération :

Deux macérateurs mécaniques. . . . .   6.500   »

7° Fermentation :

Dix cuves en bois, contenant chacune 220 hectol. . . .   6.600   »

8° Réservoirs en tôle :

Un pour les alcools bruts . . . . ⎫

Un pour les alcools bon goût. . . . . ⎪

Un à eau froide. . . . . ⎬   3.000   »

Un à jus fermenté . . . . ⎪

Un à eau chaude. . . . . ⎭

**9° Robinetterie et tuyauterie, transmission et
montages divers**. . . . .   6.600   »

Total approximatif.. . . . Fr.   72.730   »

N. B. Si l'on n'opérait pas dans l'usine la mouture des grains, il y
aurait à déduire de ce prix : les moulins, 10 chevaux de force du générateur et huit de machine ; ensemble, environ. . . . . . .   10.000 fr.

CHAPITRE QUATRIÈME

—

DISTILLATION DES GRAINS, DES FÉCULES, DES RÉSIDUS DE FÉCULERIES
ET DE MINOTERIES, DES CAROUBES, ETC., ETC., PAR LA SACCHARI-
FICATION ACIDE.

—

§ I. — La saccharification par les acides.

La distillation des grains se trouve parfois entravée par l'impossibilité où l'on est d'utiliser les résidus ou de les vendre pour
la nourriture du bétail. Le mieux, dans ce cas, est de les travailler par la saccharification acide, et de vendre les résidus comme
engrais; c'est ce qui se pratique dans plusieurs usines du nord
de la France, — la distillation des grains dans ces établissements
est un accessoire de la distillation des mélasses — pour utiliser,
dans les fermentations de ces sirops, les principes de ferments
contenus dans les grains et les acides employés à la saccharification.

Certaines usines, à Rouen, travaillent spécialement les riz et les
maïs par les acides, quoique par cette méthode les résidus aient
une valeur bien moindre que ceux provenant du travail par le
malt; mais il faut prendre en considération que l'opération est
plus simple et exige bien moins de main-d'œuvre. En effet, les
opérations de la trempe, du maltage, du touraillage se trouvent
supprimées; les grains, au lieu d'être parfaitement réduits en fa-
rine, peuvent n'être que concassés seulement.

Ce travail par les acides convient donc parfaitement dans certains cas, et nous le conseillons surtout quand il s'agit de saccharifier des matières dures, difficilement attaquables par le malt,
telles que les riz, les maïs, les caroubes, les résidus de féculeries
et ceux de minoteries.

II. — **Description du travail.**

La saccharification de grains par les acides est un travail assez simple, qui exige cependant certaines conditions essentielles pour arriver à un bon résultat:

1° D'abord, il faut employer des cuves de saccharification établies oans des conditions de durée toute particulières et il faut que ces cuves soient solidement supportées par le fond. Sans cela, on s'expose à des accidents de rupture de ces cuves, et il en résulte toujours des brûlures graves, souvent mortelles pour les personnes qui se trouvent là dans le moment où le sirop bouillant s'en échappe;

2° Il faut, ensuite, que le barboteur en plomb qui amène la vapeur de chauffage, soit tourné en spirale sur le fond de la cuve, de manière à ne laisser qu'une distance d'environ 20 à 25 centimètres seulement entre les spires, et 15 centimètres seulement entre la spire extérieure et paroi de la cuve; que ce barboteur soit percé de trois rangs de trous; dont la somme d'ouverture représente environ le triple de sa section; ces trous doivent être répartis en trois rangs, dont un sous le tube et les autres de chaque côté du tube; il va de soi que l'extrémité de ce barboteur est bouchée. Si l'on néglige ces précautions pour le barboteur, il en résulte que l'ébullition ne se fait pas d'une manière égale dans toute la cuve, et qu'une partie des grains tombe sur le fond et s'y fixe sans se saccharifier.

Quelques distilleries ont voulu parer à cet inconvénient en mettant dans la cuve un agitateur mû par la machine; cette complication n'est pas utile, si le barboteur en plomb est posé dans la cuve comme nous l'avons indiqué;

3° Il faut, avant de charger dans la cuve les maïs concassés, y mettre l'eau et l'acide (ou du moins les 2/3 de la quantité totale de l'acide à employer, qui est d'environ dix kilog. d'acide muriatique ou 5 kilog. d'acide sulfurique par cent kilog. de grains); il faut porter ce mélange d'eau et d'acide à l'ébullition et maintenir celle-ci par une vapeur soutenue, pendant tout le temps que dure le chargement de la cuve. Cette ébullition maintient le grain en suspension et empêche qu'il se précipite sur le fond de la cuve d'où on ne pourrait que difficilement le détacher.

On vérifie quelquefois pendant le chargement, au moyen d'un mouveron, pour s'assurer si rien ne se dépose dans la cuve; si cela arrive, c'est que l'on a chargé les grains trop précipitamment; on modère en ce cas, pendant quelques instants, l'alimentation des grains, jusqu'à ce que la partie précipitée se soit mélangée au liquide en ébullition;

4° On met environ une heure à opérer le chargement de la cuve; ensuite on ajoute le surplus de l'acide, on maintient encore une bonne ébullition pendant une heure pour réduire complétement le grain en dextrine; puis on modère la vapeur (tout en maintenant toujours l'ébullition) jusqu'à l'achèvement de la saccharification.

Pour savoir quand celle-ci est terminée, il y a plusieurs procédés de reconnaître la quantité de glucose (sucre incristallisable) produite.

On fera bien, à cet effet, de se procurer et de suivre les instructions données par deux petites brochures, qui indiquent très-succinctement les opérations à faire; ces brochures sont les suivantes :

Celle de M. Charles Viollette; elle a pour titre : *Dosage du sucre au moyen des liqueurs titrées*. Elle se vend à Lille, chez M. Quarré, libraire, Grande-Place. L'autre est de M. Emile Commerson; elle se vend à Paris, 99, boulevard de Magenta, au bureau du *Journa des Fabricants de sucre*. Mais pour les personnes qui auraient du mal à se les procurer, nous indiquerons ici l'opération à l'alcool, qui peut aussi, dans certains cas, servir de guide;

5° Elle consiste à prendre de la cuve en ébullition une petite quantité de sirop; à la filtrer sur du papier gris, et à la mélanger ensuite dans une éprouvette en verre, avec trois fois son volume d'alcool à fort dégré.

Tant que dans le mélange se forme un précépité blanc nuageux, la saccharification est incomplète, c'est la dextrine qui est insoluble dans l'alcool, qui se précipite. Aussitôt que le mélange reste homogène, l'opération est terminée. On arrête alors la vapeur qui chauffe la cuve, et on en vide par parties le contenu dans la cuve à saturer ;

6° Cette opération de la saturation consiste à enlever au sirop la quantité d'acide qu'il contient en excès, au moyen de carbonate de chaux (désigné dans le commerce, blanc de Meudon ou blanc d'Espagne).

Ce blanc est préalablement broyé et passé au crible, pour être divisé et exempt de corps étrangers. On en met dans les sirops, de manière à laisser exister dans les fermentations environ huit à dix millièmes d'acide muriatique pour des jus riches de 4 à 5 dégrés du densimètre. (Si le blanc de Meudon est pur, bien lavé, il en faudra mettre à la saturation environ 3 1/2 kilog. par 100 kilog. de maïs saccharifiés).

Dans le cas où l'on mélange les maïs saccharifiés avec des sirops de mélasses, l'opération de la saturation ne se fait plus, puisque l'excédant d'acide est employé par les mélasses. Cet acide remplit en ce cas un double but : d'abord il sert à saccharifier les maïs, puis il sert à fermenter les mélasses.

Les sirops résultant de la saccharification par l'acide sont, après leur saturation, refroidis et mélangés d'eau pour être ramenés à 20 degrés centigrades et 4 1/2 à 5 degrés de densité ; ils fermentent avec une grande facilité, parce qu'ils contiennent beaucoup de levûre. Aussi emploie-t-on dans ce travail la fermentation continue, sans autre levûre de bière que celle nécessitée par la mise en train de la première cuve.

§ III. — Ensemble d'une distillerie de grains opérant par les acides.

Les alcools résultant de ce travail sont d'une qualité très-supérieure, lorsqu'ils sont distillés et rectifiés par nos appareils. Ils trouvent un grand emploi dans le vinage des vins et la fabrication des eaux-de-vie.

Les distilleries de riz obtiennent, par ce procédé, de 100 kilog., suivant la qualité du riz, 33, 35 et même 38 litres d'alcool fin.

Les seigles, les orges et les maïs donnent à peu près le même rendement que lorsqu'on les travaille par le malt.

Les caroubes, ou fruits du caroubier, qui croît sur les bords de la Méditerranée, donnent de 20 à 25 litres d'alcool par 100 kilog.

Fig. 20. — Ensemble d'une distillerie de grains, de résidus de féculerie ou de minoterie opérant par les acides.

Voici la légende explicative des deux figures 20 et 21 :

A A'. — Cuves de saccharification, solidement établies, où les matières premières sont soumises à l'ébullition en présence d'eau et d'acide sulfurique ou muriatique.

B B'. — Cuve de saturation, où se déversent les sirops, pour y neutraliser.

C. — Réfrigérant placé derrière l'usine, où passent les sirops pour les mettre à la température nécessaire à la fermentation.

D. D' D'' — Cuves de fermentation. Celle-ci s'opère à continu, en coupant les cuves comme dans la distillation des betteraves.

E. — Citerne dans laquelle se déversent les jus ermentés ou vins.

f. — Pompe élevant les vins dans le réservoir supérieur.

G. — Réservoir aux vins, alimentant la colonne distillatoire.

7

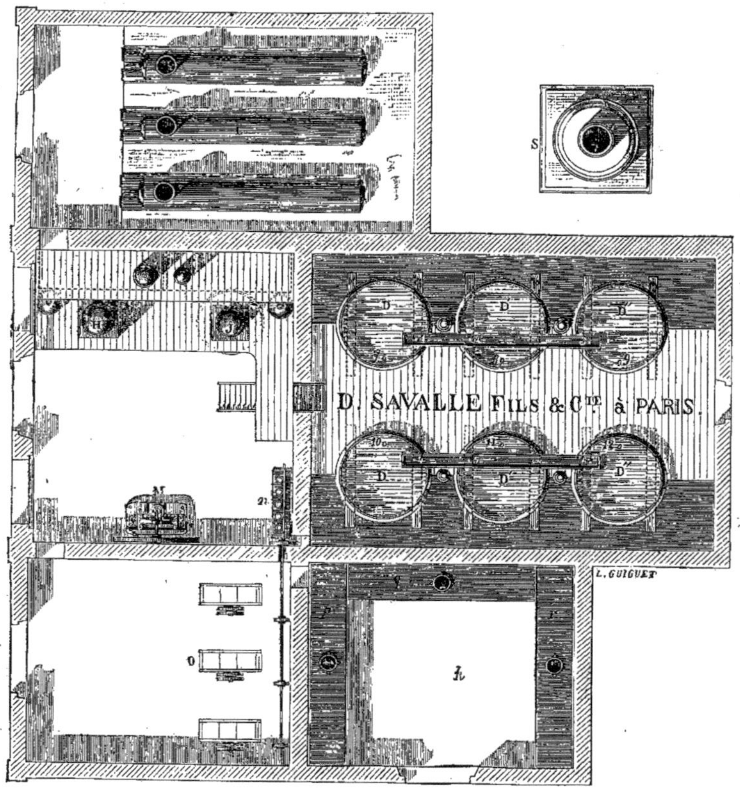

Fig. 21. — Vue en plan d'une distillerie de grains ou de résidus de féculerie et de minoterie.

H. — Colonne distillatoire.
1. — Réservoir à flegmes (ou alcools bruts).
J. — Rectificateur.
k. — Magasin aux alcools fins.
L. — Générateurs de vapeur.
M. — Machine à vapeur.
n. — Pompe alimentaire des générateurs.
m. — Pompes à eau froide et à jus fermenté.

On traite encore, par cette méthode, le lichen ou mousse d'Islande; plusieurs distilleries de ce genre fonctionnent en Suède et en Russie.

Nous donnons ci-dessous le devis d'un matériel pour produire, par ce procédé, 2,000 litres d'alcool par jour, et nous l'accompagnons d'un plan d'installation, pour que nos lecteurs puissent se rendre compte de l'emplacement nécessaire à ce genre d'usine.

§ IV. — Devis approximatif du matériel d'une distillerie saccharifiant par l'acide les grains, les fécules ou les résidus de féculerie. — Produit journalier, 2,000 litres d'alcool fin.

1° Force motrice:

Trois générateurs de vapeur de la force de 30 chevaux, chaque:

Tôle, 22,200 kil., à 65 fr.	14,430	
Fonte, 7,200 kil. à 45 fr.	3,240	18.670 »
Accessoires, environ.	1,000	

2° Moteur :

Machine à vapeur de 8 chevaux. . . . . 3.600 »

3° Distillation :

Une colonne distillatoire en fonte, avec ses satellites en cuivre. . . . . 10.500 »

4° Rectification :

Un rectificateur n° 3 à chaudière tôle. . . . . 9.600 »

5° Pompes :

Une pompe à jus fermenté en bronze.	
Deux pompes en fonte de fer pour eau froide . .	3.000 »
Deux pompes alimentaires.	

6° Saccharification :

Deux cuves de 180 hectolitres. . . . . 1.800 »

A reporter . . . . . Fr. 47.170 »

Report . . . . . Fr. 47.170 »

7 Saturation :

Trois cuves de 80 hectolitres . . . . 720 »

8 Réfrigération des sirops :

Un réfrigérant tôle et cuivre, environ . . . . 3.000 »

9° Fermentation :

Six cuves de 130 hectolitres . . . . 2.340 »

10° Réservoirs en tôle :

Deux pour les alcools bruts . . . . ⎫
Un pour les 3/6 bon goût . . . . ⎪
Un à eau froide . . . . ⎬ 2.500 »
Un à jus fermenté . . . . ⎪
Un à eau chaude, à 65 fr. les 100 kil. . . . . . ⎭

**11° Robinetterie, tuyauterie, transmissions et
montages divers**, environ . . . . 6.600 »

Matériel : Total approximatif . . . . . Fr.   62.330 »

§ V. — **Devis approximatif du matériel d'une distillerie
traitant, par vingt-quatre heures, 10,000 kilog. de
pommes de terre par la saccharification à l'acide,
produisant de 1,000 à 1,200 litres d'alcool.**

1° Force motrice :

Deux générateurs de 30 chevaux chacun :
Tôle pour les deux, 14,800 kil. à 65 fr. . . . . . . Fr. 9.620 »
Fonte   —   4,800 kil. à 45 fr. . . . . 2.160 »
Accessoires, environ . . . . 600 »

2° Moteur :

Une machine à vapeur de 8 chevaux . . . . 4.000 »

3° Distillation et Rectification :

Une colonne en cuivre, n° 2 . . . . 9.000 »
Un rectificateur n° 2, à chaudière en tôle . . . . 6.600 »

A reporter . . . . . Fr. 31.980 »

Report . . . . . Fr.   31.980   »

4° Pompes :

Une pompe à jus fermentés. . . . . ⎫
Une pompe à eau froide. . . . . ⎬   3.000   »
Une pompe alimentaire. . . . . ⎭

5° Préparation :

Un laveur.   400   »
Une râpe avec tambour de rechange . . . .   2.500   »
Une pompe à pulpes, environ. . . . .   1.500   »

6° Saccharification :

Deux cuves en bois de 150 hectolitres cnaque. . . . . .   1.350   »
Deux   —   75   —   pour saturer. . .   450   »
Six   —   100 . —   pour fermenter . .   1.800   »

7° Rafraîchissoir :

Tôle, cuivre et partie en fonte. . . . .   5.500   »

8° Tamiseur :

Pour enlever les paranchimes. . . . .   2.500   »

9° Réservoirs en tôle, divers :

Pour l'alcool brut , ... ⎫
Pour l'alcool bon goût . . ⎪
Pour l'eau froide. . . . . ⎬   environ 4,000 kil. à 65 fr.   2.600   »
Pour l'eau chaude. . . . ⎪
Pour les jus fermentés. . ⎭

10° Tuyauterie et robinetterie, environ. . . . . .   2.800   »

TOTAL approximatif. . . . . . . Fr.   56.380   »

VI. — Nomenclature des distilleries de grains les plus importantes montées en France par la maison Savalle.

NOMS DES INDUSTRIELS	DEMEURES	DÉPARTEMENT	QUANTITÉS d'alcool pouvant être travaillées par jour	Quantités d'appareils remplacés par les nôtres	OBSERVATIONS ET RENSEIGNEMENTS
FRANCE et COLONIES					
Boulet et fils............	Rouen..........	Seine-Inf..	8.000	4	Distillerie de riz produisant des alcools de qualité supérieure.
Le même..............	—	—	10.000		
Delavigne.............	Rouen.,........	Seine-Inf..	4.500	4	
A. Duboulay et Cᵉ.........	Rouen..........	Seine-Inf..	3.600		
Colombet, Gibaud et Cᵉ....	Avignon........	Vaucluse..	2.500		
Denis	Sommaing - sur - Ecaillon......	Nord.....	1.000		Distillerie de genièvre.
2ᵉ appareil	—	—	1.000		
A. Mather et Cᵉ..........	Toulouse	H-Garonn.	2.500		
Les mêmes, 2ᵉ appareil, colonne distillatoire......	—	—	2.500		Distillerie de maïs.
ALGÉRIE					
Khan.................	Chamora........	Constantiᵉ.	4.000		Distillerie de grains et ferme modèle.
Le même, 2ᵉ appareil.....		—	2.000		
Fournier et Cᵉ...........	Philippeville....	—	2.000		Médaille de bronze pour ses alcools, à l'exposition universelle de 1867.
Le même, 2ᵉ appareil.....		—	2.000		
TOTAL......			45.600		litres d'alcool de grains produits journellement en France par les appareils SAVALLE.

§ V. — Nomenclature des distilleries de grains les plus importantes montées à l'étranger par la maison Savalle.

NOMS DES INDUSTRIELS	DEMEURES	DÉPARTEMENTS	QUANTITÉS d'alcool pouvant être travaillées par jous	Quantités d'appareils remplacés par les nôtres	OBSERVATIONS ET RENSEIGNEMENTS
AUTRICHE					
Report . . . . . Fr.			45.600		
Pokorny frères et **Hugo-Jelinek**..............	Pilsen..........	Bohême. .	2.500		Distillerie de grains avec production de levûres. — M. Hugo-Jelinek est l'inventeur du procédé de la carbonatation trouble employée dans les sucreries.
Adolf-Poper	Pilsen..........	Bohême. .	2.500		
Le même, 2° appareil.....	—	—	4.000		
La Société anonyme (Action Fabrikshof)	Temesvar.......	Hongrie. .	8.000		
Max-Springer et C°	Reindorf-près-Vienne...	Autriche..	6.500		Fabricants de levûre, d'alcool de grains et de résidus pour la nourriture et l'engraissement du bétail.
Les mêmes, 2° appareil rectificateur n° 2..........			4.200		
Les mêmes, 3° appareil colonne rectangulaire en cuivre pour la distillation des grains............			5.000		
ANGLETERRE					
M. Bernard et C°.........	Leith (Écosse)...		5.000		
Hills et **Underwood**	Norwich........		5.000		
BELGIQUE					
Carbonnelle Nérinckx......	Tournai	Hainaut...	4.000	3	Mention honorable pour ses alcools. Exposition universelle de 1867.
Les mêmes, 2° appareil....	—	—	4.200		
Jules et **Octave Claos Fiévet**	Gand..........	Flandres..	2.000		
Meeus	Anvers.........	Anvers. ..			Ont appliqué les réfrigérants Savalle à leurs appareils à genièvre.
Bal et C°..............	Anvers........	—			Idem.
Le même, 2° appareil.....	—	—			
Jos, Sklin..............	Liége..........	—	5.000		
Van den Bergh et C°... ...	Anvers........	—	2.000		
A reporter			102.500		

NOMS DES INDUSTRIELS	DEMEURES	DÉPARTEMENTS	QUANTITÉS d'alcool pouvant être travaillées par jour	Quantités d'appareils remplacés par les nôtres	OBSERVATIONS ET RENSEIGNEMENTS
HOLLANDE					
Report			102.500		
J.-H. Henkes	Delfshaven	Holl. mer.	2.500		
E. Kiderlen	—	—	12.000		M. Kiderlen, chevalier de l'ordre de Frédéric de Wurtemberg. Usine du NederlandscheStoom Bran-dery en Distillcerdery, travaillant les grains, riz et mélasses exotiques, 3/6 extra-fins, marque NSB en D.
Le même, **2e** appareil, colonne distillatoire pour les grains et mélasses	—	—	3.000		
Le même, **3e** appareil colonne distillatoire rectangulaire en cuivre	—	—	5.000		
Mouton	La Haye	—	3.400		
J.-J. Melchers, Wz	Schiedam	—	3.400		
J. et D. Twiss	Rotterdam		2.000		Fabricant de garencine.
Les mêmes, **2e** colonne dis.	—		2.000		
Vandenberg	La Haye		2.000		
A. Van Berkel et [Fils	Delft		4.000		
Van Dulken, Weiland et Ce	Rotterdam		4.800		Rectification d'alcool brut de grains, dits Moutwyn. 3/6 extrafin pour l'exportation. — Marque, aigle blanc sur fond bleu .— V. D. et Ce.
ITALIE					
Sessa, Fumagalli et Ce	à Milan		4.500		Distillation de maïs.
(Carlo Sessa, Successeur)	—		4.500		
Les mêmes, **3e** appareil	—		2.500		
4e appareil	—		4.500		
5e appareil	—		4.500		
Métiche	à Carvazéré par Rovigo		1.500		
Le même, **2e** appareil	—		1.500		
Le même, **3e** appareil	—		4.500		
RUSSIE					
A. Wolfsmidt	Moscou		3.600		
A. Wolfsmidt	Riga		4.000		
VALACHIE					
Demètre, Moraït	à Bucharest		2.500		
TOTAL			184.700		*litres, production journalière des distilleries de grains employant les appareils* SAVALLE.

§ VIII. — Nomenclature des distilleries de pommes de terre et usines de rectification traitant les alcools de pommes de terre.

NOMS DES INDUSTRIELS	DEMEURES	PROVINCES	QUANTITÉS d'alcool pouvant être travaillées par jour	OBSERVATIONS ET RENSEIGNEMENTS
ALLEMAGNE				
APPAREILS LIVRÉS EN 1869 (1)				
Jules Wrede............	Berlin.	»	20.000	Maison la plus importante du continent, par le chiffre de ses affaires et la qualité supérieure de ses alcools.
2e appareil.............	»	»	7.000	
J. A. Gilka.............	»	»	6.500	La plus grande fabrique de liqueurs de l'Allemagne, elle en vend tous les ans, pour environ quatre millions de francs, sa fabrication la plus importante est celle du Kümmel.
2e appareil...........	»	»	6.500	
HOLLANDE				
Romkes, Bakker et Van Calcar...............	Sappemeer.	Groningue	2.500	
		TOTAL.....	42.500	litres.

(1) De 1860 à 1863, nous avons installé dans l'Allemagne du Nord de nombreuses usines qui se servent encore du système primitif des appareils Savalle. — Les produits de ces usines ne pouvant plus rivaliser avec ceux des usines ci-dessus, montées d'après notre système perfectionné, nous nous dispensons de donner les noms et les adresses de ces usines, dont le travail n'est plus à la hauteur de notre époque.

Nous sommes informés, que des constructeurs, en Allemagne, se permettent d'avancer qu'ils sont autorisés par nous à établir notre nouveau système d'appareils perfectionné. Nous déclarons ici n'avoir donné cette autorisation à qui que ce soit, et nous engageons les personnes qui voudront employer nos nouveaux procédés, à s'adresser directement à MM. D. Savalle fils et Cie, 64, avenue Uhrich, à Paris, comme l'ont du reste fait MM. Wrede et Gilka, de Berlin.

CHAPITRE CINQUIÈME

—

DISTILLATION DES VINS

—

§ I. — Perfectionnement des distilleries de vins du Midi pour la production des alcools rectifiés et pour celles des eaux-de-vie.

La France est sans contredit le pays où la distillation a le plus progressé ; c'est là où l'on a créé la distillation des betteraves, c'est encore là où l'on a doté la distillation des mélasses de nombreux perfectionnements que nous venons d'énumérer en partie. Cette activité, si favorable aux créations nouvelles, a eu pour point de départ et pour cause essentielle l'*oïdium*, cette maladie de la vigne qui est venue jeter une perturbation si grande dans les vignobles et les distilleries de vins du Midi. Cette perturbation a été telle, que malgré la disparition de ce fléau, les distilleries du Midi de la France ne se sont pas encore relevées du coup qui leur a été porté.

Il faut attribuer cette infériorité actuelle de ces établissements à l'imperfection des appareils dont elles se servent. Les anciens appareils, chauffés à feu nu, datent de Cellier Blumenthal et de Derosne, c'est-à-dire de 1820, et n'ont pas été modifiés ni remplacés depuis.

Les distilleries du Midi, se fiant de trop sur la nature du produit des vins qu'elles travaillent, sont restées complétement étrangères à tous les progrès réalisés dans le Nord de la France; chaque propriétaire du Midi a continué à *brûler son vin* dans son ancien chaudron. Il en est résulté que les produits aussi sont restés ce qu'ils étaient il y a cinquante ans, et qu'ils se sont laissés devancer énormément, par les *alcools fins de provenance de vins et rectifiés* obtenus en Espagne par les appareils perfectionnés.

Nous pensons le moment venu où les choses vont changer de face ; l'Assemblée nationale y aura puissamment contribué par la loi sur les bouilleurs de crû.

Les petits propriétaires ne voudront pas, pour quelques centaines d'hectolitres de vins distillés, avoir les employés de la régie chez eux pendant toute l'année. Et cela se comprend. Ils préféreront vendre leur vins en nature aux grands propriétaires, qui se trouveront ainsi avoir un approvisionnement de vins suffisant à l'alimentation d'une distillerie bien montée, d'une petite usine établie sur le modèle de celles qui existent déjà en nombre en Espagne. Là, les opérations se feront convenablement, tout l'alcool contenu dans le vin en sera parfaitement et bien complétement extrait au moyen d'un appareil distillatoire perfectionné, fig. 22. On ne perdra plus, comme on le fait maintenant, une partie notable de l'alcool dans les vinasses.

Puis, les brouillis obtenus seront ou rectifiés pour être réduits à l'état d'alcool fin à 96 ou 97 degrés, ou ils seront repassés pour être transformés en eau-de-vie fine de qualité supérieure, dont on aura extrait les parties acides malfaisantes et les huiles lourdes, en leur laissant les parfums de l'eau-de-vie les plus fins et les plus agréables au goût et à l'odorat. Les produits de ces usines étant à la hauteur de ceux obtenus en Espagne, trouveront là un débouché considérable. L'Espagne emploie des quantités d'alcool de vins pour la fabrication de ses vins de Jerez et de Malaga, qui sont chargés habituellement dans la proportion de 20, 25 et même de 30 0/0 d'alcool, lorsqu'ils sont destinés à l'exportation en Angleterre et dans les contrées du Nord. En 1872, l'alcool de vin rectifié valait en Espagne 130 francs l'hectolitre, il y a de port et de droit d'entrée environ 30 francs, le 3/6 de vin rectifié aurait donc pu se vendre en France 100 francs l'hectolitre, tandis que son prix n'a varié que de 56 à 75 francs. Il y a donc là une belle opération à réaliser pour les distilleries du Midi, lorsqu'elles seront montées et outillées convenablement. Les grands propriétaires du Midi profiteront, nous en sommes persuadés, de

cette position avantageuse qu'ils se créeront, en montant des distilleries où ils pourront à volonté produire des alcools fins ou des
eaux-de-vie. Ils ne voudront plus négliger cette source nouvelle
d'augmentation de revenu pour les contrées viticoles du Midi de la
France.

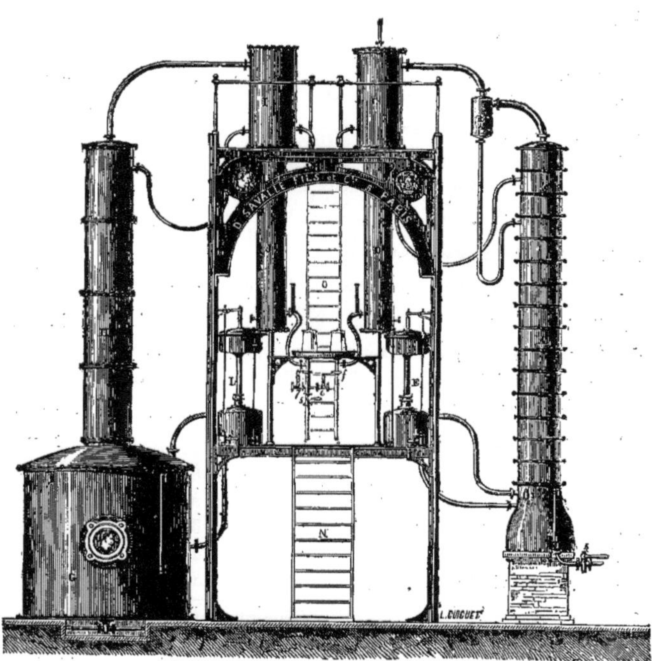

Fig. 21. — Ensemble d'appareil pour la distillation des vins et pour la rectification des
alcools ou la production des eaux-de-vie.

§ I. — Devis approximatif du matériel d'une distillerie de vins produisant à volonté, par 24 heures, 2,000 à 2,200 litres de 3/6 Montpellier, rectifié à 96°, ou 4,000 litres d'eau-de-vie de qualité supérieure.

1° Générateur de vapeur de 25 chevaux :

Tôle de fer, 6,200 kilog. à 65 fr . . . . . .   4.030 ⎫
Fonte de fer, 2,000   »   45   . . . . . .   900 ⎬   5.230 »
Accessoires, environ.. . . . .   300 ⎭

2° Machine à vapeur :

Pompe à eau froide.. . . . . ⎫
Pompe alimentaire du générateur . . . . ⎬   3.600 »
Pompe à vins . . . . ⎭

3° Distillation des vins :

Appareil distillatoire en fonte de fer, avec régulateur de vapeur et autres satellites, en cuivre rouge. . . .   7.500 »

4° Appareil de rectification n° 3, avec chaudière en tôle, produisant à volonté la rectification des alcools, ou la repasse des eaux-de-vie.. . . . .   9.200 »

5° Réservoirs :

Un pour l'alcool brut, de 100 hect., poids 1850 kilog.
Un pour les 3/6 fins, de   50   »   1.030
Un pour l'eau froide, de   25   »   375
Un pour l'eau chaude, de   15   »   375
Un pour les vins, de. .   15   »   250

＝ Environ 3.880 kilog.
à 65 fr. les 100 kilog.   2.522 »

6° Tuyauterie et robinetterie des appareils de l'usine, environ.. . . . .   1.200 »

Prix du matériel complet. . . . . . .   29.252 »

Ce matériel paraîtra d'un prix élevé aux propriétaires qui le compareront à celui d'un simple appareil à feu nu, qui ne leur coûte que le tiers environ ; — mais, qu'ils soient bien convaincus qu'il est impossible d'atteindre à la perfection des produits, si les appareils ne sont pas chauffés à la vapeur et munis d'un régulateur de vapeur ; — qu'il est essentiel que les pompes fonctionnent par la vapeur, afin d'éviter la main-d'œuvre et afin d'obtenir un travail régulier ; — qu'il est utile qu'une usine ait ses réservoirs en tôle, où l'alcool est logé à l'abri de toute évaporation et qu'enfin , il faut un matériel bien complet pour qu'aucune partie du travail ne cloche, et que l'usine fonctionne régulièrement et sans causes d'arrêt. Malgré le prix de ce matériel, il est celui qui coûte le moins, car pour toutes les autres distilleries, il y a à y ajouter l'outillage pour travailler les matières premières. Ce matériel permettra, dans le Midi, après la saison de la distillation des vins celle des maïs ou d'autres grains.

Les appareils Savalle, montés en Espagne et au Portugal, pour distiller les vins, sont déjà au nombre de dix-sept et fournissent journellement 438 hectolitres d'alcool fin. — Nous donnons plus loin les noms et les adresses des propriétaires de ces usines, où les propriétaires du Midi pourront se renseigner et d'où, au besoin, nous pourrons leur faire venir des produits qui leur serviront d'échantillons.

Une distillerie de l'importance de celle dont nous donnons le devis n'a besoin que d'un distillateur avec son aide ; les hommes de peine pour amener les vins et le garçon de magasin qui expédie les 3/6 sont en plus, bien entendu. Les distilleries d'Espagne usent, par hectolitre de 3/6 distillé, environ 45 kilogrammes de houille ; la dépense de vapeur pour les pompes est comprise dans cette consommation.

La rectification de l'alcool pour l'amener à 96 degrés exige environ, par hectolitre, 40 kilog. de combustible. La rectification des brouillis exige la moitié à peu près de cette dépense.

§ III. — **Nouveau procédé de distillation des marcs de raisins.**

La distillation des marcs de raisin n'a fourni jusqu'ici, dans le Midi de la France, que des 3/6 inférieurs, chargés d'huile essentielle et d'éther. Il est vrai que ces 3/6 peuvent se rectifier dans nos appareils et fournir un produit relativement bon ; mais il est facile d'améliorer beaucoup cette fabrication et d'obtenir des alcools excellents par la méthode que j'ai expérimentée et que je vais indiquer. Cette méthode a l'avantage de supprimer les calandres et les appareils spéciaux que l'on achetait uniquement en vue de la distillation des marcs.

Voici comment il faut opérer. Après avoir mis les marcs dans une cuve, j'ajoute pour chaque hectolitre de marc pressé, un hectolitre et demi d'eau tiède à 30 ou 40 degrés. On brasse bien le mélange et laisse les marcs se gonfler en se chargeant d'eau pendant douze heures. Ensuite, on passe au pressoir les marcs chargés d'eau ; celle-ci s'écoule et entraîne avec elle tout l'alcool contenu dans le marc. En soumettant ce liquide à la distillation, on obtient un alcool excellent qui, lorsqu'il est rectifié, fournit un 3/6 extra-fin. En effet, cet alcool est débarrassé des huiles lourdes, infectes, retenues dans le pépin, dans la pelure et dans la râfle du raisin.

Dans des expériences très-intéressantes, nous avons d'abord séparé avec soin les râfles, pour les distiller à part ; elles ont fourni une très-grande quantité d'huile essentielle lourde, très-infecte. Nous avons ensuite soumis à la distillation le marc sortant du pressoir et dont on avait extrait l'alcool par le moyen indiqué ci-dessus. Ce résidu a donné de l'huile essentielle, mais en quantité infiniment moindre que la râfle et d'une odeur moins pénétrante. On peut donc, en employant ma méthode, qui consiste à faire gonfler d'abord les marcs par l'eau tiède et à les soumettre à une pression convenable, extraire un 3/6 excellent et d'une valeur commerciale bien supérieure au 3/6 de marc actuel. On peut en outre distiller le liquide chargé d'alcool par les appareils distillatoires continus, sans être astreint à l'emploi de calandres, ou d'autres appareils spéciaux qui n'ont d'emploi que pour distiller les marcs en nature.

Nous tenons (à Paris, 64, avenue du Général-Uhrich), à la disposition des personnes que la nouvelle méthode de distillation des marcs intéresse, les échantillons des produits obtenus dans nos expériences. Ils sont remarquables par la qualité des produits et par la séparation presque complète des huiles essentielles restées dans la râfle et dans le marc.

§ IV. — Nouvel appareil d'essai des vins indiquant la richesse alcoolique avec une grande précision.

Il est d'une grande importance, pour les distillateurs des pays vignobles, de savoir exactement la richesse alcoolique des vins qu'ils achètent ; mais jusqu'à présent tous les moyens qui leur ont été proposés pour arriver à ce résultat, ne leur donnent que des appréciations très-approximatives qui s'écartent parfois beaucoup de la réalité et sont la cause de grands mécomptes. — Les petits alambics d'essai donnent un produit très-faible en alcool, qu'il est difficile de peser exactement ; à cause de la *capillarité* qui fausse l'indication du pèse-alcool dans les faibles degrés, — et aussi à cause des acides qui sont entraînés par la distillation et mélangés au produit.

Nous nous sommes appliqués à étudier la question, et à l'aide de nombreuses expériences, nous sommes arrivés à établir un *appareil d'essai qui fournit un produit à fort degré, exempt d'acides et facile à titrer comme richesse alcoolique.*

Un des défauts principaux des appareils d'essai était d'opérer sur un volume de vin trop minime ; notre appareil opère sur cinq litres de vin à la fois et donne un produit qui pèse de 50 à 60 degrés centésimaux.

On arrive par lui à reconnaître l'alcool contenu dans les vins à une approximation de dix litres d'alcool sur 1,000. — Nous ne connaissons pas d'appareil qui ait donné, jusqu'ici, une appréciation plus minutieuse.

Maintenant, cet appareil d'essai a un tort, nous le savons ; il coûte plus à établir que les autres alambics d'essai ; par le motif qu'il est plus grand, et d'une construction toute différente, mais les services qu'il rend sont importants et les grandes maisons de distillation se le procureront malgré son prix de 500 francs qui peut paraître élevé.

Cet appareil d'essai peut se chauffer au gaz, au pétrole, à l'alcool ou même à la vapeur ; — nous prions donc les personnes qui voudraient se le procurer, de nous indiquer si elles ont chez elles le gaz ou si elles préfèrent un autre mode de chauffage. — Nous donnons toujours la préférence au chauffage au gaz quand on l'a à sa portée.

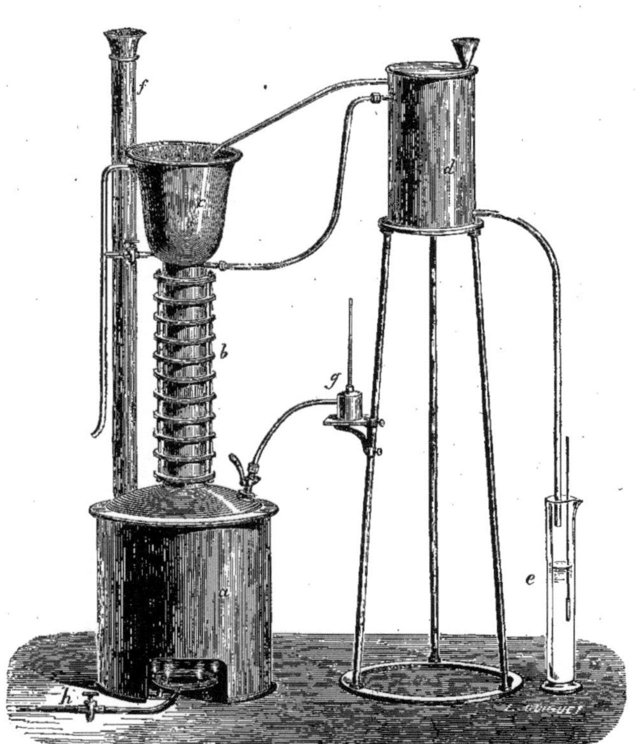

Nouvel appareil d'essai des vins (breveté S. G. D. G.).

§ V. — Distilleries de vins les plus importantes montées par la maison Savalle.

NOMS DES INDUSTRIELS	DEMEURES	PROVINCES	QUANTITÉS d'alcool pouvant être travaillées par jour	OBSERVATIONS ET RENSEIGNEMENTS
ESPAGNE				
J.-F. et E. Barreda	Port-Ste-Marie.		2.200	
M. Bertran y Rosell	Barcelone.		2.200	
Cécilio de Roda	Albunol.		2.200	
Fermin de Urmeneta			2.500	
Joaquin de la Gandara, directeur du chemin de fer de Saragosse	Albacète.		4.000	
José de Bertemati	Jerez-de-la-Frontera.		2.500	
Leach Giro et Ce	Alicante.		1.000	
Manuel Pareja	—		1.000	
Le même, 2e appareil	—		2.500	
D. Juan Malvido	—		2.200	Distillation des vins et rectificat'on des alcools de vins.
Colonne distillatoire			3.000	
Nicolas Gomez	La Palma, près Séville.		3.000	Idem.
2e appareil			1.500	
Pedro Domecq	Jerez-de-la-Frontera.		2.500	
Sévil, Hermanos y Pohndorf	—		2.500	
Ramon Jimenez	Puerta-Sta-Maria		4.500	
Marichalar	—	—	4.500	
PORTUGAL				
Bell	Buarcos.		2.500	

Alcool de vin rectifié journellement 46.300 litres.

CHAPITRE SIXIÈME

—

DISTILLATION DE LA CANNE A SUCRE

—

§ I. — Origine de la distillation de la canne à sucre.

La distillation directe de la canne à sucre est une opération qui
ne se pratique que depuis peu de temps dans deux usines que
nous avons installées l'une à l'île Madère, et l'autre à l'île Maurice.
Ce travail pratiqué avec un bon outillage est très lucratif, car il
permet d'extraire de la canne une quantité de vesous bien plus
grande que dans la fabrication du sucre. En effet, on est forcé
dans les fabriques de sucre d'extraire le vesous, par une seule
pression, sous de puissants laminoirs désignés moulins. Ces
moulins, quelque puissants qu'ils soient, laissent dans la canne
une proportion de sucre considérable — qui varie de 5 à 10 kilogrammes de sucre, par cent kilogrammes de cannes, suivant le
plus ou moins de perfection des moulins employés.

En distillation, nous ne perdons pas ce sucre retenu par la
bagase. Nous faisons passer celle-ci dans un réservoir contenant
de l'eau tiède, pour la pénétrer et la faire gonfler, c'est une espèce
de macération qui s'opère ; puis elle est reprise par un second
moulin qui en extrait l'eau et presque tout le sucre qu'elle rete-
nait. Notre méthode de macération de la canne et de double pression pourra aussi se pratiquer dans les sucreries, car si les fabricants ne veulent pas faire du sucre avec les jus provenant de la
seconde pression, ils pourront les distiller très-avantageusement
en les mélangeant à leurs mélasses.

La distillation directe de la canne à sucre, rendra de grands
services à notre colonie d'Afrique et à tous les pays où l'on vou-

dra introduire la culture de la canne à sucre — car elle permet d'alimenter une usine avec une plantation relativement restreinte. On pourrait débuter avec 50 hectares de cannes, qui si elles sont d'une bonne venue produiront environ 3 millions de kilogrammes de canne, soit l'alimentation d'une distillerie pour une campagne de cent jours. L'année suivante, on augmenterait les plantations pour arriver successivement à alimenter la distillerie pendant cent cinquante jours — et l'on ferait ainsi une excellente opération car on obtiendrait de 75 hectares environ 3,500 hectolitres d'alcool qui au prix de 65 francs représentent 227,500 francs de recette brute, soit 3,033 francs par hectare.

Nous engageons beaucoup les propriétaires d'Afrique et ceux du sud de l'Espagne *à se procurer une brochure écrite en 1864 par un propriétaire de l'île de la Réunion*, M. Malavois, chevalier de la Légion d'honneur et conseiller colonial. — Ils y trouveront tous les détails relatifs à la culture de la canne. Cette brochure est éditée par la librairie de M. J. Louvier, 25, quai des Grands-Augustins, à Paris ; son prix est de 2 fr. 50 c.

Il y a, dans la culture et dans la distillation de la canne, une mine d'or à exploiter pour certaines contrées de l'Afrique. Ceux qui s'y adonneront, ne feront du reste que répéter ce qui a réussi depuis des années en Egypte, où le Vice-Roi a des plantations considérables de cannes qui servent à alimenter ses sucreries.

Les distilleries situées en Afrique se trouveront admirablement placées pour alimenter l'Espagne, le Portugal, l'Italie et la Turquie, qui aujourd'hui tirent en majeure partie les alcools de Prusse par la Baltique.

Nous avons indiqué aux propriétaires d'Afrique les avantages énormes qu'ils tireront des distilleries de cannes ; ces avantages seront les mêmes pour les opérations de ce genre, qui se monteront soit dans le sud de l'Espagne, de l'Italie, de la Grèce ou de la Turquie, et dans tous les climats enfin où la culture de la canne peut se faire convenablement.

Nous donnons ici, figures 22 et 23, la vue en élévation et en plan de l'ensemble d'une distillerie établie par notre maison, pour un travail journalier de 30,000 kilogrammes de cannes.

Fi. 22. — Vue en élévation d'une distillerie de cannes à sucre construite par MM. D. Savalle fils et Cie.

La légende suivante fait comprendre les dispositions adoptées :

A. — Moulin à cannes semblable à ceux employés dans les sucreries.

B. — Machine à vapeur et transmission pour le moulin à cannes.

C. — Six cuves de fermentation, où le vesou préparé transforme son sucre en alcool.

D. — Pompe à vesou, alimentant l'appareil distillatoire, et pompe à eau.

E. — Machine à vapeur faisant mouvoir les pompes.

P. — Réservoir à vesou fermenté alimentant l'appareil distillatoire.

G. — Appareil distillatoire, où l'alcool est extrait du vesou fermenté et se produit à l'état de tafia.

H. — Réservoir à tafia.

I. — Appareil de rectification, où les tafias sont débarrassés de leur goût et de leur odeur, et sont amenés à l'état d'alcool fin à 96 degrés centésimaux.

J. — Magasin et réservoir, où on loge l'alcool bon goût, prêt à être expédié.

K. — Générateur de vapeur.

Le fonctionnement de l'usine est des plus simples. La canne amenée au moulin est écrasée, et le vesou extrait s'élève par un monte-jus L dans les cuves préparatoires MM'; de là, il se rend à courant continu dans les cuves de fermentation CC'C", et lorsqu'une cuve de fermentation est pleine, on la divise en deux, en la partageant par moitié dans la cuve suivante. Le vesou des cuves MM' coule alors sur les deux cuves qui continuent à fermenter. La première est abandonnée à sa fermentation, jusqu'à ce qu'elle soit bonne à distiller; la seconde se partage encore en deux dans une cuve suivante, et la fermentation se continue ainsi de suite en utilisant la dernière emplie pour poursuivre l'opération.

Il en résulte un travail très-rapide et très-complet de la transformation de la matière sucrée en alcool. Les cuves tombées sont vidées par la pompe D dans le réservoir supérieur P qui alimente l'appareil de la distillation G. Le produit alcoolique de ce premier travail se rassemble dans le réservoir couvert en tôle H, et sert toutes les vingt-quatre heures à charger l'appareil de rectification I. Enfin l'alcool parfaitement épuré et achevé se rend au magasin à alcool en J.

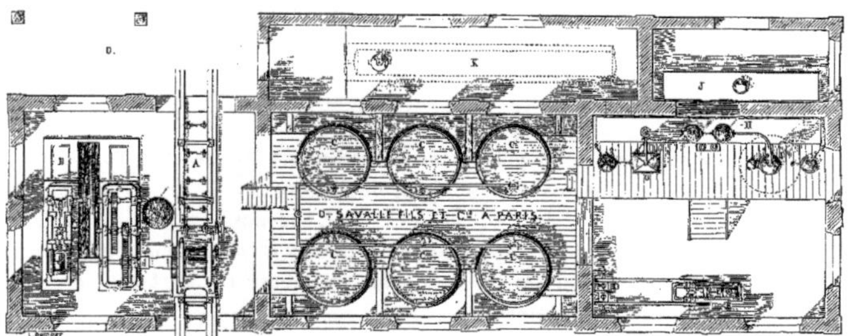

Fig. 23. — Vue en plan d'une distillerie de cannes à sucre.

§ II. — **Devis approximatif du matériel d'une distillerie travaillant par jour 30,000 kilog. de cannes.**

On voit que la conduite d'une distillerie de cannes ne présente réellement aucune difficulté. Aussi les ouvriers ordinaires des pays où on les établit se mettent-ils promptement au courant du travail. Pour éviter d'ailleurs les *écoles*, la maison Savalle a soin d'envoyer un contre-maître pour surveiller l'installation de toute usine nouvelle, pour assister au montage des appareils et à leur mise en marche. De cette manière, l'industrie de la distillation perfectionnée prend facilement racine. Voici le devis approximatif du matériel d'une distillerie moyen pouvant travailler par jour 30,000 kilogrammes de cannes, et livrer ses produits au commerce, soit à l'état de tafia, soit rectifiés et marquant 96 à 97 degrés centésimaux :

Force motrice. — Un générateur de vapeur de 50 chevaux . . . Fr. 10.000

Moteurs. — Une machine à vapeur de 3 chevaux 2.500

—   —   de 8 chevaux 4.800

Extraction du vesou . — Un moulin à cannes et sa transmission . . . 8.500

Trois pompes : pour les jus fermentés, pour l'eau froide et pour l'alimentation du générateur 3.000

Transmission de mouvement, environ 1.200

Distillation des vins (jus fermentés). — une colonne distillatoire avec régulateur de vapeur 12.000

Rectification des alcools bruts. — Un rectificateur n° 3 à chaudière en tôle 8.000

Réservoirs en tôle : Un pour les alcools bruts de 100 hectol.; un pour les alcools rectifiés de 50 hectol.; un pour les jus faibles de 25 hectol.; un pour l'eau froide de 25 hectol.; un pour l'eau chaude de 15 hectolitres 2.500

Fermentation. — Six cuves en bois de 100 hectol., chacune. Mémoire. »

Tuyauterie et robinetterie de l'usine variant suivant la disposition des locaux 4.300

Total . . . . (1). 56.800

---

(1) Ces prix sont variables avec les cours des métaux ; au moment où nous publions cette brochure, ils ont subi une augmentation d'environ vingt pour cent.

CHAPITRE SEPTIÈME

—

—

§ I. — Appareils Savalle pour la distillation des jus fermentés et la production des 3/6 des genièvres, etc.

Les distillateurs attachent généralement une très-grande importance au choix de leur appareil de rectification des alcools. Ils font bien en cela, car il est très-important de produire des alcools en qualité supérieure; mais ils ont souvent eu le tort de n'attacher qu'une importance secondaire au choix de la colonne distillatoire. Ce tort est très-grand, *car il ne suffit pas qu'une usine fasse bon, il faut aussi qu'elle ne perde pas une partie de ses produits par l'emploi d'un appareil distillatoire défectueux, et qu'elle ne dépense pas inutilement 20 à 30 0/0 de trop de combustible en distillant les jus par ce mauvais appareil.*

Aussi, nous sommes-nous appliqués d'une manière toute spéciale à perfectionner les appareils de distillation des jus fermentés, et nous venons ici donner les résultats de nos travaux.

Nous avons d'abord perfectionné nos colonnes distillatoires rondes, dont nous donnons le plan (fig. 24), en appliquant le régulateur de vapeur au chauffage, et en régularisant l'alimentation continue des jus de manière à obtenir un travail constamment régulier et à l'abri de pertes d'alcool dans les vinasses. Le chauffe-vins de cet appareil est à grandes surfaces et tubulaire; il utilise parfaitement le calorique des vapeurs d'alcool au profit du vin froid qui entre dans l'appareil. Ensuite, le brise-mousses procure des produits moins acides et exempts de mélanges de matières resultant de coups de feu.

Voici la description de cet appareil que nous livrons surtout aux colonies :

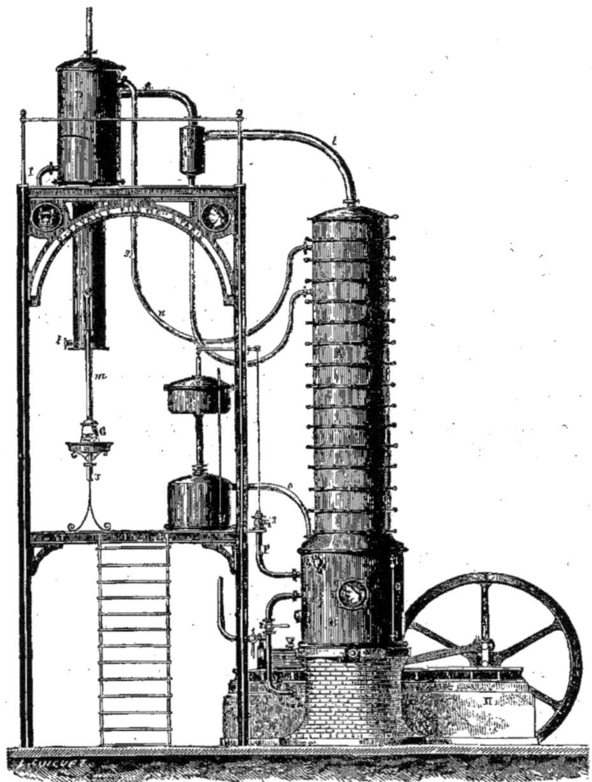

Fig. 24 — Colonne distillatoire en cuivre, avec chaudière formant soubassement et chauffage partiel par les vapeurs perdues de l'échappement de la machine.

LÉGENDE EXPLICATIVE.

A. — Colonne.
B. — Soubassement.
C. — Purgeur de mousses.
D. — Chauffe-vins.
E. — Réfrigérant.

F. — Régulateur de vapeur.

G. — Eprouvette indiquant le volume de flegmes produit, leur degré et température.

H. — Machine à vapeur de la distillerie, envoyant à volonté ses vapeurs perdues pour chauffer l'appareil distillatoire.

t. — Entrée des vins dans l'appareil.

i. — Entrée des vins chauds dans la colonne.

i. — *k*. Tuyaux à col de cygne pour les vapeurs d'alcool.

m. — Tuyau de sortie des flegmes ou alcools bruts produits.

s. — Tuyau conduisant les flegmes dans un réservoir.

o.— Tuyau amenant la pression de l'appareil au régulateur.

1. — Robinet d'échappement libre des vapeurs de la machine.

2. — Robinet de communication des vapeurs perdues de la machine dans la colonne.

3. — Robinet soupape du régulateur de vapeur, pour la vapeur provenant directement du générateur.

4. — Reniflard pour empêcher l'écrasement de l'appareil par le vide.

5. — Trou-d'homme.

6. — Indicateur de niveau de liquide.

7. — Robinet de vidange des vinasses.

Les matières à distiller sont élevées au moyen d'une pompe dans un réservoir situé au-dessus de l'appareil. Elles entrent en travail par un robinet de distribution qui vient s'adapter dans le montage en T. En passant dans le réfrigérant E, elles ont pour effet de refroidir les alcools produits; plus loin, dans le chauffe-vins D, elles ont pour effet de condenser les vapeurs alcooliques, et en même temps qu'elles opèrent cette condensation, elles entraînent avec elles et rendent à la colonne toute la chaleur emportée de celle-ci par la vapeur d'alcool. Arrivées dans la colonne A, les matières sont soumises à la distillation, et parcourent un système particulier de plateaux dont le nombre varie d'après le travail auquel on les applique. Dans ces plateaux qu'elles suivent en descendant, elles trouvent à leur rencontre, partant du bas de la colonne, la vapeur d'eau d'abord, puis des vapeurs de plus en plus riches d'alcool à mesure qu'elles s'élèvent et traversent les couches de matières des plateaux supérieurs. Cette vapeur enlève tout l'alcool contenu dans la matière fermentée, et celle-ci sort de l'appareil par le robinet de vidange n° 7, à l'état de vinasses.

Nous avons laissé les vapeurs alcooliques au haut de la colonne : elles sortent de celle-ci par le col de cygne *i*, pour aller dans le brise-mousses C se purger des parcelles de matières qu'elles entraînent parfois mécaniquement ; — purgées, elles se rendent dans le chauffe-vins D, où elles se condensent en rendant leur calorique à une autre quantité de jus à distiller. Puis cet alcool passe par I pour se rendre au réfrigérant et pour sortir finalement par l'éprouvette G.

L'alimentation de la force qui agit dans l'opération de la distillation par l'effet de la vapeur introduite dans la colonne, s'effectue avec une précision mathématique et proportionnelle aux besoins de l'opération ; notre régulateur maintient l'équilibre des forces et assure la régularité des fonctions. Aussi voit-on la distillation s'effectuer sans secousses, sans soubresauts, et fournir régulièrement un jet d'alcool continu, volumineux, à un degré élevé et peu variable.

Voici le prix de cet appareil, suivant sa puissance. Les grandes variations que subissent depuis quelque temps les cours des métaux, nous obligent à n'indiquer ces prix que d'une manière approximative.

Prix des Colonnes distillatoires, en cuivre rouge, munies d'un régulateur de vapeur

NUMÉROS des DIMENSIONS	PRODUCTION VOLUME DE VIN RICHE DE 3 A 4 0/0 distillé par jour de 24 heures (1)	PRIX DES APPAREILS variant avec le cours des métaux
1	300 hectolitres.	6.000 francs.
2	400 —	8.000 —
3	500 —	9.000 —
4	600 —	10.500 —
5	700 —	12.000 —
6	800 —	13.500 —
7	900 —	15.000 —
8	1.000 —	16.500 —
9	1.100 —	18.000 —
10	1.200 —	19.500 —
11	1.600 —	26.000 —
12	2.000 —	32.000 —
13	2.500 —	37.500 —
14	3.600 —	52.000 —
15	4.500 —	65.000 —

(1) Nos appareils distillent en Espagne des vins riches de 12 à 14 0/0 d'alcool, mais en ce cas le volume de vin distillé est moindre, bien entendu.

§ I. — **Colonne distillatoire rectangulaire.**

Notre premier appareil est parfait appliqué à la distillation des vins et à celle des mélasses de canne. Pour la distillation des betteraves et des grains, il présentait à la longue certains inconvénients auxquels nous avons paré dans une colonne d'un nouveau système représentée figures 26 et 27. Cette nouvelle colonne rectangulaire est composée de plateaux d'un système complétement nouveau qui remplace les plateaux perforés de nos premiers appareils distillatoires.

Les plateaux à trous n'étaient pas applicables à toute espèce de distillation ; il arrivait des obstructions dans le passage produites par des accumulations de matières. Dans la nouvelle colonne, la course du liquide à épuiser est plus rapide, et pendant le chemin qu'il parcourt, ce liquide est entièrement soumis à l'action du barbotage de la vapeur, qui met en liberté les vapeurs alcooliques.

Les conduits dits *trop-pleins* sont établis de telle sorte qu'ils communiquent au dehors ; au moyen d'un regard, on peut les visiter sans démonter l'appareil. La pratique a démontré la grande puissance et la perfection du travail de cette nouvelle colonne, qui fonctionne pendant une campagne entière sans nécessiter d'arrêt pour le nettoyage. Le réfrigérant tubulaire a aussi reçu une disposition intérieure nouvelle qui réduit de moitié la consommation d'eau nécessaire à la réfrigération, tout en produisant des flegmes à des températures aussi basses ; on évite ainsi toute perte par évaporation. Outre la perfection de travail obtenue, une économie notable a été réalisée dans l'application de la fonte de fer à la partie la plus volumineuse, c'est-à-dire à la colonne.

Le premier appareil de ce genre, exécuté sur une grande échelle, a été livré en 1870 dans les Moëres françaises, pour la belle usine installée par M. René Collette. Voilà trois ans que cet appareil fonctionne ; on l'a démonté cette année pour constater l'usure des parties internes ; cette usure est insignifiante contrairement à l'opinion émise par quelques ingénieurs, — et tout fait prévoir pour cet appareil une durée minimum de dix années, sans obliger à des réparations importantes. Les appareils en cuivre ne résistent pas aussi longtemps pour la distillation des jus de betteraves.

La colonne distillatoire montée dans les Moëres est le plus puissant appareil de ce genre installé sur le continent européen. Sa puissance est telle qu'elle épuise par jour l'alcool contenu dans 3,900 hectolitres de fermentations de betteraves.

Depuis le succès de la nouvelle colonne rectangulaire dans les Moëres, le même système a été appliqué, établi en cuivre ou en fonte, dans les distilleries que notre maison a montées en France, en Hollande et dans le grand-duché de Luxembourg, pour un travail variant de 15,000 à 50,000 kilogrammes de betteraves par 24 heures et aussi pour la distillation des mélasses. Le travail de toutes ces colonnes est parfait; il y a économie de combustible, assurance complète d'éviter toute perte dans les vinasses. Les flegmes obtenus sont de bonne qualité, exempts de mélange de jus fermentés et acides, comme cela a souvent lieu par les coups de feu produits par les anciens appareils.

Les deux figures représentent le nouveau système dont voici la légende explicative :

A. — Colonne distillatoire rectangulaire en fonte de fer ; elle se compose du soubassement de vingt-cinq tronçons munis de regards et de la couverture, le tout maintenu par dix boulons à chaque joint.

B. — Brise-mousses, retournant à la colonne les mousses et les matières entraînées par le courant de vapeur, se rendant de la colonne au chauffe-vins.

C. — Chauffe-vins tubulaire.

D. — Réfrigérant tubulaire à compartiments intérieurs.

E. — Eprouvette graduée, pour l'écoulement des flegmes.

F. — Régulateur de chauffage de l'appareil.

G. — Serpentin fournissant une épreuve continue de l'épuisement des vinasses qui sortent de l'appareil. Un pèse-flegmes à degrés très-écartés indique cet épuisement dans la petite éprouvette n.

H. — Second brise-mousses où passent les vapeurs sortant du chauffe-vins après l'épuisement de la colonne. Les mousses entraînées retournent à la colonne par le tuyau s et les vapeurs d'alcool se rendent au réfrigérant par le tube t.

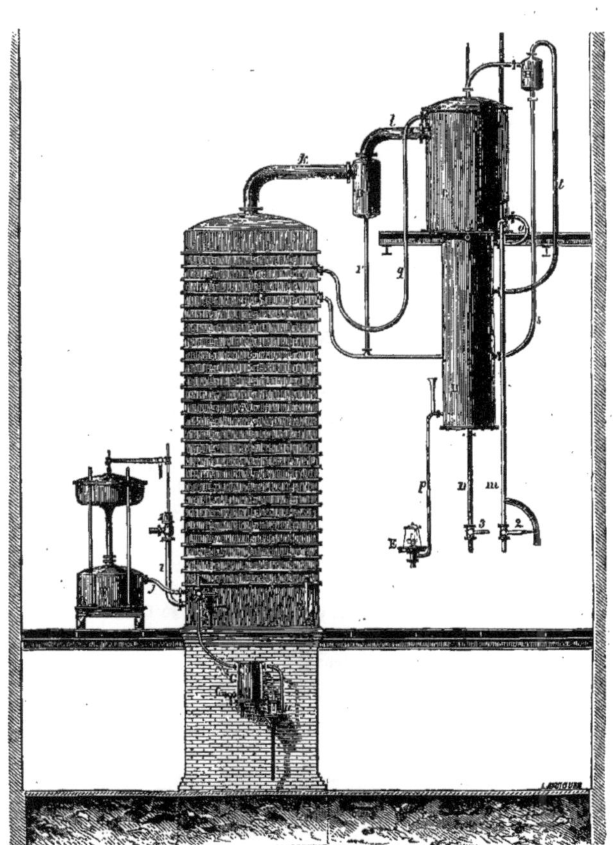

Fig. 25 — Vue en élévation de la colonne distillatoire montée en 1869 aux Moëres françaises, chez M. René Collette, pour un travail quotidien de 250,000 kilog. de betteraves.

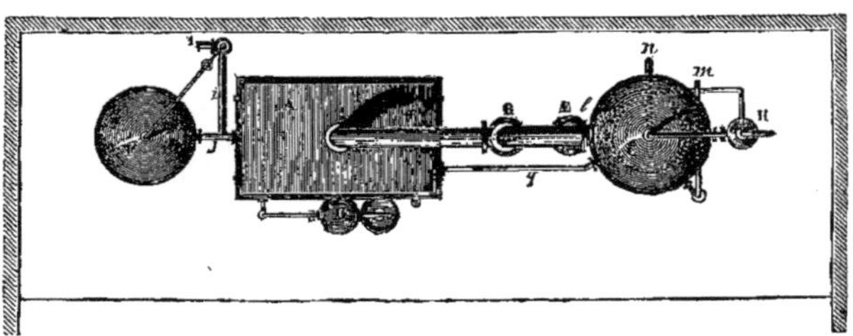

Fig. 26 — Plan d'un appareil distillatoire avec colonne rectangulaire de M. Désiré Savalle.

i.—Tuyau conduisant les vapeurs de chauffage de la soupape du régulateur à l'appareil.

j.—Tuyau de pression de la colonne au régulateur.

k. l.—Tuyau conduisant les vapeurs aleooliques de la colonne au brise-mousses et au chauffe-vins.

m.—Tuyau d'alimentation des jus fermentés vers les chauffe-vins.

n.—Tuyau d'eau froide.

1. — Soupape de vapeur de chauffage.

2. — Robinet des jus fermentés.

3. — Robinet d'eau froide.

4. — Robinet des vapeurs sortant des vinasses pour se rendre au serpentin d'épreuve.

5. — Niveau d'eau du soubassement de la colonne.

6. — Robinet d'eau froide servant le serpentin d'épreuve.

Nous établissons aussi ce système complétement en cuivre rouge (voir figure 3, page 25). Le tableau suivant donne le tarif comparatif des appareils entièrement en cuivre rouge et de ceux construits partiellement en fonte.

NUMÉROS des DIMENSIONS	PRODUCTION — VOLUME DE VIN RICHE DE 3 A 4 0/0 distillé par jour de 24 heures	PRIX DES APPAREILS en cuivre rouge variant avec le cours des métaux.	PRIX avec colonne en fonte CHAUFFE-VIN RÉFRIGÉRANT ET RÉGULATEUR DE VAPEUR en cuivre
1	300 hectolitres.	6.000 francs.	5.500 francs.
2	400 —	7.500 —	6.500 —
3	500 —	9.000 —	7.500 —
4	600 —	10.500 —	8.500 —
5	700 —	12.000 —	9.500 —
6	800 —	13.500 —	10.500 —
7	900 —	15.000 —	11.500 —
8	1.000 —	16.500 —	12.500 —
9	1.100 —	18.000 —	13.500 —
10	1.200 —	19.500 —	14.500 —
11	1.600 —	26.000 —	18.500 —
12	2.000 —	32.000 —	23.500 —
13	2.500 —	37.500 —	27.500 —
14	3.600 —	52.000 —	40.000 —
15	4.500 —	65.000 —	50.000 —

Ce nouveau système de colonne rectangulaire s'applique admirablement aussi à la *distillation des grains en matière pâteuse, soit grains ou pommes de terre.* Elle est en ce cas munie de quelques regards permettant le nettoyage complet des plateaux de colonne sans nécessiter son démontage. La faculté que l'on a de visiter ainsi l'intérieur des *trop-pleins* est un avantage très-grand pour ce genre spécial de distillation, car lorsque les colonnes à matières pâteuses s'obstruent, c'est généralement par la défectuosité des trop-pleins que cela a lieu.

Les appareils que la maison Savalle a l'habitude de livrer peuvent, au besoin, produire un travail de 25 pour 100 plus considérable que le minimum annoncé au tarif. C'est, du reste, comme le savent les praticiens, le vrai moyen d'arriver à un bon résultat. Les colonnes dont le travail est inférieur à celui qu'on se propose ont toujours le défaut capital de perdre de l'alcool dans les vinasses qu'elles laissent échapper avant leur épuisement. Certains constructeurs semblent vendre à bon marché en offrant aux distilla-

teurs des colonnes d'une puissance inférieure au travail à réaliser ;
ils rendent ainsi parfois aux industriels novices un très-mauvais
service, en les empêchant de produire la quantité d'alcool sur laquelle ils comptent, et en vue de laquelle ils ont disposé toutes les
autres parties de leur matériel. Après avoir été ainsi trompés,
ces fabricants se pourvoient pour la campagne suivante d'une colonne suffisante et d'un bon système ; mais cette école leur a coûté
cher. Nous ne saurions donc trop engager les créateurs de distilleries à adopter de suite un système qui leur permette d'obtenir
de bons résultats dès leur début ; car si la distillerie agricole bien
outillée est le nerf de l'agriculture et la source de richesse de beaucoup d'agriculteurs, il est malheureusement vrai que plusieurs
distilleries ont dû cesser leurs travaux par suite de leur mauvais
outillage, et surtout parce qu'elles n'avaient à leur service que
des colonnes distillatoires d'une construction défectueuse.

Nous avons apporté à nos appareils distillatoires une modification pour les appliquer avantageusement à la nouvelle loi qui
régit les distilleries dans l'empire d'Autriche et en Hongrie depuis
le mois de novembre 1872. Cette modification rend l'ensemble de
nos appareils conforme à l'esprit de la nouvelle loi, et de plus,
elle augmente la rapidité du travail et économise 20 à 25 0/0 de
combustible sur les anciens appareils Pistorius.

CHAPITRE HUITIÈME

—

Régulateur automatique du chauffage des colonnes distillatoires et des rectificateurs Savalle.

Voici comment s'est exprimé un homme pratique, M. J. Pezeyre, au sujet de notre régulateur automatique à vapeur, dans une de ses communications à la Chambre syndicale des distillateurs de Paris :

« Le régulateur est une application des lois de l'hydraulique essentiellement nouvelle, introduite par M. Savalle dans les appareils de distillation. Il a pour effet de régulariser l'emploi de toutes les forces et toutes les fonctions, et de maintenir les phénomènes qui s'accomplissent dans tous les organes de l'appareil dans des conditions de température et de pression constantes et indispensables à l'homogénéité, à la bonté du produit et à la vitesse de son écoulement. On évite ainsi de troubler l'opération par des coups de feu violents, dont on n'est jamais maître avec les appareils ordinaires. *Un appareil de distillation privé de régulateur est comme un navire sans boussole, exposé à toutes les chances d'erreurs et d'accidents.* »

Ce régulateur, représenté par la figure 28, est le guide indispensable de nos appareils, en ce sens qu'il maintient efficacement la pression, la température et la vitesse de circulation des liquides dans les limites les plus favorables au dégagement de l'alcool et à l'élimination des éléments étrangers qui le souillent.

Élément essentiel de nos appareils, il a pour organe principal un flotteur C, qui a pour fonction d'ouvrir ou de fermer un robinet de vapeur adapté sur la conduite du chauffage, et dont la puissance, augmentée par l'intermédiaire du levier D, atteint 400 kilogrammes, de sorte que ni la poussière, ni l'usure du robinet de

vapeur ne puissent empêcher son action (les figures 27, 28 et 29
représentent le régulateur de vapeur avec sa soupape). On verse de

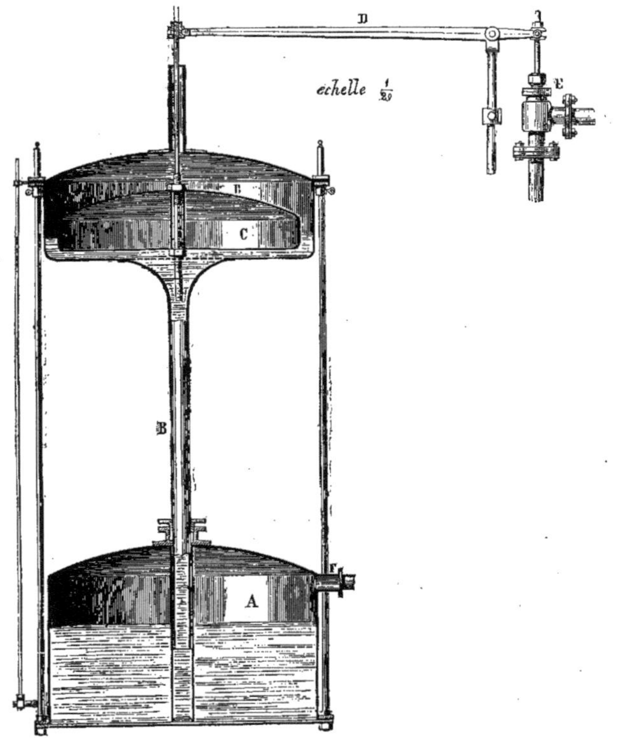

Fig. 27. — Régulateur automatique de chauffage
des appareils Savalle.

l'eau froide dans la chaudière inférieure A, jusqu'au niveau de la
tubulure F, par laquelle la pression de vapeur dans l'appareil à
régler se transmet au régulateur, par laquelle aussi s'échappe le
trop-plein d'eau de la bâche inférieure.

Afin d'assurer toute sécurité à notre régulateur, nous avons

ménagé en A une chambre d'air qui forme matelas entre la vapeur
de pression et la couche d'eau ; sous cette pression, l'eau monte
par le tube d'ascension B dans la bâche supérieure, soulève à
un moment donné le flotteur C, et met en jeu le levier qui ouvre
ou ferme le robinet de distribution. Ajoutons que le robinet et la
soupape 28 et 29, sont d'une construction toute spéciale ; l'ensemble
y est ménagé de telle sorte que la pression se fait équilibre à elle-
même, dans une certaine proportion.

Ainsi la soupape, qui a, dans les grands apparcils, 6 centimètres de diamètre, ou une surface de 28 centimètres carrés, ne
supporte en réalité que sur 2 centimètres carrés la pression de la

Fig. 28. — Robinet de vapeur
du régulateur.

Fig. 29. — Soupape
du robinet de
vapeur.

vapeur, et peut être facilement soulevée par le flotteur. La pratique de chaque jour prouve que ce mécanisme très-simple règle
la pression à un centimètre d'eau près (*soit à une précision d'un
millième d'atmosphère*). Les appareils qui en sont munis, au
nombre déjà de plus de 500, et qui fonctionnent avec une régularité parfaite, produisent un jet continu et abondant d'alcool, à
un titre toujours élevé et sensiblement constant ; ils dispensent
pour la conduite de nos appareils d'hommes spéciaux, toujours

difficiles à rencontrer dans les campagnes, et sont pour le rectificateur un véritable bienfait.

Comme pièces à l'appui, nous allons faire connaître où et comment a pris naissance le régulateur qui nous occupe, avec les causes des transformations qu'il a subies.

Ce fut en 1846, à la suite d'un grave accident survenu dans l'importante distillerie que le fondateur de notre maison, M. A. Savalle père, possédait à La Haye, et qui a consacré toute son existence au perfectionnement de cette importante industrie, sentit la nécessité d'établir des appareils de sûreté pour empêcher le retour d'explosions semblables à celle dont il venait d'être le témoin et dont il avait manqué, avec son jeune fils, M. D. Savalle, d'être la première victime. La cause de l'accident était l'imprudence d'un ouvrier distillateur qui, contrairement à la recommandation qui lui avait été faite, avait donné trop de vapeur à la chaudière qu'il nettoyait. Le couvercle de cette dernière, maintenu au moyen du joint à pinces, s'était enlevé, et la force d'explosion avait été si subite et si considérable, que le plancher d'un étage supérieur, quoique fortement chargé, s'était soulevé.

Après cet accident, M. A. Savalle fit appliquer aux chaudières de tous ses rectificateurs *des manomètres à air libre, pour indiquer la pression et servir de guide aux distillateurs.* Ces manomètres servirent pendant plusieurs années à indiquer seulement la pression intérieure des chaudières.

Lorsque M. Savalle père organisa sa distillerie à Saint-Denis (Seine), ces manomètres facilitèrent l'éducation à faire des ouvriers distillateurs; car la plupart de ceux qui se présentaient n'étaient au courant que de l'usage de l'appareil Cail, dont on ne se sert plus aujourd'hui.

M. D. Savalle fils créa le *régulateur automatique,* et nous croyons que l'on nous saura gré d'une innovation qui rend d'une manière si complète des services qui jusqu'alors étaient inconnus. Ce régulateur a subi déjà plusieurs transformations, et depuis quelques années, nous en avons fait un instrument véritablement pratique, à l'abri de tous arrêts par insuffisance de soins; aussi tous nos anciens clients s'empressent d'adopter ce dernier système.

CHAPITRE NEUVIÈME

—

RECTIFICATION DES ALCOOLS

—

§ I. — Rectification des alcools par le système et les appareils Savalle.

Le sucre brut, engagé dans sa mélasse, est « l'image de l'alcool emprisonné dans les flegmes ». Le sucre a besoin de raffinage pour acquérir la blancheur et la suavité de goût nécessaires. Les flegmes réclament aussi une épuration, une espèce de raffinage, connue sous le nom de *rectification*. Le sucre de betteraves, bien raffiné, est identique au sucre de canne également bien raffiné ; de même, l'alcool d'industrie, bien rectifié, est identique à l'esprit-de-vin.

La rectification a pour but de séparer l'alcool de tous les corps qui lui sont intimement unis par les lois de l'affinité chimique, ou associés à titre de simple mélange.

Une croyance généralement répandue, et qu'on ne saurait trop combattre, soutient que les alcools industriels provenant de la distillation des grains et des racines ne sauraient jamais valoir les alcools provenant de la distillation du vin. Cette prétention était exacte avant l'emploi des appareils Savalle, mais aujourd'hui ce n'est plus le cas, nous en avons la preuve dans ce fait, que souvent on préfère les 3/6 du Nord bien rectifiés aux 3/6 du Midi, qui ne subissent qu'une simple distillation toute primitive. Il est, d'ailleurs, parfaitement bien reconnu par le monde scientifique, que tous les alcools, de quelque provenance qu'ils soient, sont identiques lorsqu'ils sont parfaitement rectifiés.

Les appareils de rectification du système Savalle ont donc rendu un immense service en enlevant *les éthers infects et les alcools amyliques*, qui viciaient l'alcool et en rendaient la consommation malsaine et dangereuse.

Ces appareils, déjà très-appréciés dès leur début, ont encore subi de très-grandes améliorations dans ces dernières années ; ils sont employés dans toutes distilleries importantes du continent européen. Nous les établissons de toutes les dimensions, pour des productions variant de 500 litres à 20,000 litres d'alcool fin à 96° par 24 heures de travail.

La figure 30 représente cet appareil vu en élévation :

A. — Chaudière en cuivre ou en tôle recevant l'alcool à rectifier. Cet alcool y est ramené, par une addition d'eau, à 40 ou 45 degrés centésimaux, afin de faciliter la séparation des huiles essentielles infectes. — La chaudière contient intérieurement un serpentin chauffeur, dont la disposition nouvelle facilite la sortie des vapeurs condensées, et donne une résistance plus grande à cette partie de l'appareil.

B. — Colonne à diaphragme où s'effectuent trente distillations successives.

C. — Condenseur analyseur tubulaire dont la fonction est de retourner à l'état liquide vers la colonne A les deux tiers des vapeurs alcooliques qu'on lui soumet à analyser et à laisser passer l'autre tiers de ces vapeurs (dont le degré alcoolique est élevé) au réfrigérant.

D. — Réfrigérant qui liquéfie et refroidit l'alcool de vin rectifié.

E. — Régulateur automatique réglant le chauffage de l'appareil et la production des vapeurs alcooliques avec la précision de un millième d'atmosphère.

F. — Éprouvette pour l'écoulement du 3/6 rectifié, indiquant le volume de produit écoulé par heure.

O. — Dôme de vapeur pour servir, à la fin des opérations, à la séparation et à l'élimination des huiles essentielles lourdes.

g. — Col de cygne des vapeurs alcooliques.

h. — Rétrograde des alcools faibles.

i. — Passage des alcools forts vers le réfrigérant.

j. — Communication de pression au régulateur.

k. — Alimentation des eaux froides de condensation.

l. — Conduite des vapeurs de chauffage de l'appareil.

m. — Trop-plein des eaux chaudes.

1. — Robinet spécial au régulateur de vapeur.

2. — Sortie des eaux de condensation de vapeur de chauffage.

3. — Robinet double servant à emplir et à vider la chaudière.

4. — Robinet régulateur pour admission de l'eau de condensation.

5. — Robinet d'écoulement des alcools secondaires.

6. — Robinet d'écoulement des éthers.

7. — Robinet d'écoulement des alcools bon goût.

8. — Reniflard pour empêcher l'écrasement de l'appareil par le vide.

9. — Trou d'homme pour visiter le serpentin de chauffe de la chaudière.

10. — Niveau d'eau indiquant le volume de liquide contenu dans la chaudière.

11. — Thermomètre spécial aux appareils Savalle, indiquant les différentes phases de l'opération et le moment où il faut la terminer, en soutirant les huiles lourdes et infectes séparées par le travail.

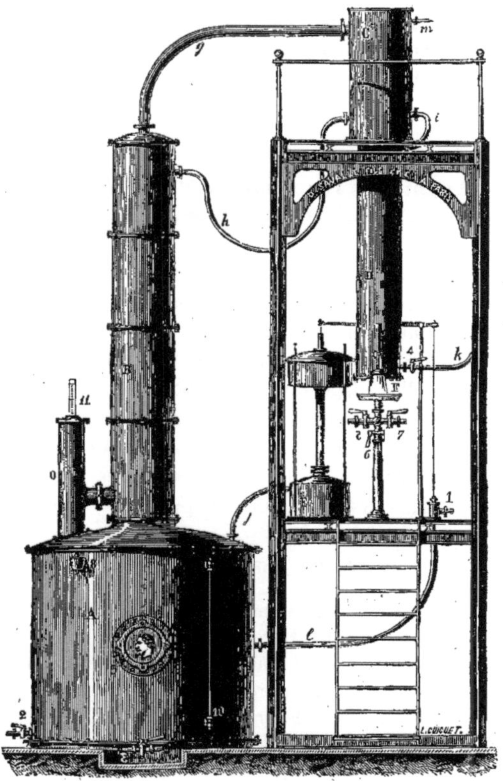

Fig. 30. — Appareil perfectionné de M. D. Savalle fils et Cᵉ, appliqué à la rectification des alcools de toutes provenances.

La charpente en fer qui sert à maintenir les différentes pièces de cet appareil est à la fois solide, gracieuse et élégante. Cette charpente s'établit à la demande des acquéreurs.

Toute la tuyauterie et la robinetterie peuvent alors se remonter en peu de temps ; c'est un véritable profit pour les contrées éloignées. Il n'est pas besoin, en ce cas, de faire venir de France des ouvriers spéciaux pour monter ces appareils. Les pièces principales sont ajustées, repérées, numérotées ; il suffit donc de les poser d'aplomb.

§ II. — Avantages résultant de l'emploi de notre nouvel appareil de rectification sur ceux des autres systèmes.

Les avantages résultant de l'application de notre rectificateur perfectionné sont nombreux ; ils expliquent la faveur que lui accordent les distillateurs bien renseignés. Notre système réduit à un seul appareil (car nous ne sommes pas limités pour la puissance à lui donner) l'outillage de rectification des distilleries, autrefois si compliqué et si dispendieux. Cette simplification facilite la surveillance du travail et évite de nombreuses causes d'usure, de réparations et d'incendie. Outre ces avantages d'installation, il en est d'autres dans le travail qui sont plus importants encore.

1° AVANTAGE SUR LA MISE EN TRAIN.

En commençant les opérations, *l'appareil est vide et parfaitement propre*, contrairement aux autres, qui ont tous les plateaux de leur colonne *chargés d'eau sale et d'huiles essentielles.* Cette différence, qui peut sembler peu importante à première vue, constitue un perfectionnement très-grand ; car, pour débarrasser d'impureté et d'eau une ancienne colonne, il faut, en commençant chaque opération, cinq heures de travail, cinq heures pendant lesquelles ont dépense en pure perte le charbon et la main-d'œuvre ; de plus on renvoie par la condensation, pendant ces cinq heures, dans la chaudière du bas des produits impurs, qui vont gâter les alcools à rectifier.

2° AVANTAGE SUR LA CONDUITE DU CHAUFFAGE.

Le fonctionnement n'est plus laissé au bon vouloir de l'homme chargé
de la surveillance des appareils: *il s'opère automatiquement* et avec une
exactitude mathématique, l'appareil étant réglé de telle sorte que la production ne varie pas d'un litre par heure.

Cette régularité de production est le point le plus difficile, mais aussi
le plus important à atteindre dans la rectification des alcools. En effet,
lorsque l'on considère cette opération, elle consiste à produire trois unités de vapeurs alcooliques, pour les analyser dans un condenseur de
manière à séparer une unité de vapeurs pures, en condensant les deux
autres unités qui sont impures. Cette opération est si délicate qu'une
irrégularité dans le fonctionnement de l'appareil, une alimentation trop
intense de vapeur, par exemple, détermine dans le condenseur une
entrée de vapeurs alcooliques supérieure à trois unités; ce dernier ne
peut condenser ce supplément de vapeurs impures, l'analyse est impar-
faite, et les produits sont immédiatement chargés d'huiles essentielles.
Admettons l'inverse, c'est-à-dire qu'on laisse l'appareil manquer de
vapeur ; il en résulte dans le condenseur une admission de vapeur trop
minime, de deux unités par exemple. Ces deux unités de vapeur se
trouveront condensées, le travail de l'appareil sera interrompu pour un
temps plus ou moins long, pendant lequel le combustible est dépensé
en pure perte. *Le régulateur est donc indispensable, il économise du
combustible et fait produire des alcools parfaits.* (Nous en avons donné
la description à la page 133.)

3° QUALITÉ SUPÉRIEURE DES PRODUITS.

Par l'emploi de notre appareil, on produit des alcools plus fins et au
titre élevé de 96 à 97 degrés centésimaux, lorsque les autres colonnes
ne produisent que des alcools ordinaires à 93 ou 94 degrés au plus.

L'élévation du titre de l'alcool donne la garantie qu'il est pur et bien
débarrassé des huiles essentielles.

Cette qualité des produits fournis par nos appareils a été reconnue
par les hommes de l'art, qui constatent aussi qu'ils sont plus hygiéniques et produisent un effet moins pernicieux sur ceux qui font abus de
liqueurs fortes.

4° AVANTAGE POUR LE FRACTIONNEMENT DES PRODUITS.

La fin des opérations s'opère aussi d'une manière toute différente : dans nos appareils, elle *s'annonce* longtemps d'avance *par un instrument de précision* établi à cet effet. L'homme qui surveille et sépare les produits est donc ainsi à l'abri du danger qu'offrent les autres rectificateurs, de gâter le travail de toute sa journée par un instant d'inattention, en laissant, à l'instant où se termine l'opération, couler des 3/6 de mauvais goût dans la masse d'alcool fin produite. Notre indicateur fixe, et longtemps à l'avance, à l'ouvrier distillateur, au contre-maître de l'usine ou au patron, lorsqu'il vient à passer près des appareils, que dans deux heures, dans une heure ou dans dix minutes, l'opération sera terminée, et qu'il faudra faire couler les produits dans un réservoir autre que celui destiné aux produits fins.

On évite donc ainsi toute surprise ; l'ouvrier n'a pas d'excuse à alléguer s'il n'est pas à son poste, *et le fractionnement des produits devient facile.*

5° FIN DES OPÉRATIONS SIMPLIFIÉES.

La fin d'une opération faite par une colonne de rectification ordinaire exige *deux ou trois heures de travail* pour en enlever l'alcool mauvais goût et une partie des huiles essentielles. Dans le fonctionnement de nos rectificateurs, ces trois heures de travail et de dépense de combustible se réduisent *à deux minutes :* le temps de fermer le robinet de vapeur et d'ouvrir le robinet pour vider le contenu de la colonne dans le réservoir aux huiles.

6° AVANTAGE SOUS LE RAPPORT DU RENDEMENT.

De la perfection du travail que nous venons d'énumérer, il résulte encore une économie notable de combustible ; mais l'avantage le plus signalé est celui obtenu par la différence de rendement ; *notre rectificateur ne perd que de 1 à 2 0/0 d'alcool,* comme l'atteste le tableau de travail ci-contre, qui nous est remis par un des plus grands distillateurs de France. *Les anciens appareils,* au contraire, *perdent* par la lenteur de leur travail et leur construction défectueuse, 5, 6 *et jusqu'à 8 0/0 d'alcool ;* il en résulte une augmentation de rendement en faveur de notre appareil de 3 0/0 d'alcool au moins, soit 2 francs par hectolitre de 3/6 fin.

RÉSUMÉ DES OPÉRATIONS

FAITES AVEC L'APPAREIL RECTIFICATEUR SAVALLE PENDANT LE MOIS D'OCTOBRE 1868, DANS L'USINE DE **M. E. PORION**, A WARDRECQUES, PRÈS SAINT-OMER (PAS-DE-CALAIS). (TRAVAIL FAIT SUR DES ALCOOLS DE MÉLASSES.)

Jour du mois	Chargements, Alcool à 100°	3/6 Mauvais à retravailler	3/6 Moyen goût	3/6 Extra-fins	3/6 Mauvais à retravailler	Perte	Durée de l'opération.
	hect. lit.	hect. lit.	hect. lit.	hect. lit.	hect. lit.	hect. lit.	h. min.
1	129 84	4 07	29 64	89 07	2 21	4 85	31 15
3	106 18	2 01	24 61	74 98	2 72	1 86	25 20
5	136 51	3 61	29 64	96 71	3 53	3 02	30 40
7	113 54	3 85	24 21	79 56	2 92	2 80	26 30
9	125 02	4 33	29 05	87 85	2 05	1 74	28 35
11	123 81	4 78	25 69	88 04	3 34	1 96	28 20
13	152 21	4 42	30 04	109 95	5 93	1 87	33 40
16	150 91	4 73	31 62	108 61	2 93	2 02	33 15
17	112 67	3 16	26 58	78 52	2 06	2 35	25 50
19	99 63	3 75	26 68	65 28	1 66	2 26	23 45
21	134 62	4 06	26 92	96 46	3 60	3 58	30 25
23	143 88	4 07	27 32	106 77	4 51	1 22	32 40
25	141 99	3 61	25 39	107 58	4 35	1 06	32 05
27	151 14	4 28	30 63	112 52	2 53	1 18	33 55
29	159 25	4 96	29 39	119 69	2 40	2 71	34 35
31	110 38	3 16	27 81	75 11	2 57	1 73	25 35
Totaux	2091 58	62 85	445 22	1496 70	49 31	37 21	476 25

MOYENNE ET RÉSUMÉ DU TRAVAIL D'UN MOIS.

3/6 mauvais goût à retravailler...   62 hect. 84 lit.   3 » 0/0

3/6 moyens ....   445 — 82 —   21 28 0/0

3/6 extra–fins .... 1.496 — 70 —   71 58 0/0

3/6 mauvais goût à retravailler...   49 — 31 —   2 36 0/0

PERTE............   37 — 21 —   1 78 0/0 (1)

TOTAL........ 2091 hect. 28 lit. 100 » 0/0

L'appareil a coulé au bon goût pendant 273 heures 15 minutes, soit 576 litres 1/2 à 95 degrés par heure de coulage au bon goût.

En France on néglige dans le commerce de tenir compte de la *variation de volume* que la chaleur fait éprouver aux liquides spiritueux. En Hol

---

(1) Dans les appareils anciens à calottes, cette perte s'élève à 5, 6 et parfois

lande et dans plusieurs autres pays, on en tient compte, et cela avec raison, car entre les extrêmes, c'est-à-dire de 0 degré de température à 30 degrés, cette variation de volume s'élève, d'après les expériences faites par Gay-Lussac, à près de 3 0/0.

Les constatations de rendement ci-dessus ont été faites sans avoir égard à cette variation de volume, c'est pourquoi nos clients, en Prusse et en Hollande, trouvent des pertes d'alcool à la rectification moins grandes que celles de 1,78 0/0, et cela se comprend.

Les alcools bruts ou flegmes qui viennent d'être fabriqués dans les distilleries, sont habituellement à des températures très-élevées qui varient de 20 à 30 degrés centigrades. — 1000 litres de ces flegmes à 50 degrés alcooliques et à 30 de température ne constituent en réalité, à la température normale de 15 degrés, que 989 litres. Si donc on ne prend pas en considération la variation de volume, on commet une erreur dans le chargement de l'appareil de 11 litres par mille.

On se trompe aussi, mais l'erreur est moins sensible, si l'on ne constate pas la température des alcools produits par l'appareil pour en corriger le volume d'après cette température.

Ces détails suffiront aux praticiens pour leur démontrer l'importance qu'il y a pour eux à transformer leurs anciens rectificateurs et à adopter un travail plus économique et plus rationnel.

7° AVANTAGES SOUS LE RAPPORT DU PRIX DE L'APPAREIL.

Après avoir expliqué tous les avantages que présentent nos rectificateurs, avantages confirmés chaque jour par la pratique, nous donnons ci-dessous le prix de ces appareils qui, pour une production donnée, coûtent bien moins que ceux de tout autre système.

§ III. — Prix des rectificateurs munis d'un régulateur automatique de chauffage.

Numéros des dimension	Contenance des chaudières	Volume de 3/6 fin produit par 24 heures.		PRIX APPROXIMATIF des appareils variant avec les COURS DES MÉTAUX (1)	
				avec chaudière en tôle de fer.	avec chaudière en cuivre rouge.
	litres	litres	litres	francs	francs
1	2.400	500	à 550	4.500	5.400
2	4.000	1.000	1.200	5.500	6.500
3	7.500	2.000	2.200	8.000	11.500
4	11.000	3.000	3.300	11.500	15.000
5	15.000	3.600	4.000	14.500	18.500
6	18.000	4.500	5.000	18.500	24.500
7	22.500	6.500	7.000	20.500	27.500
8	27.500	8.000	8.500	25.500	35.000
9	35.000	10.000	11.000	32.000	43.000
10	45.000	12.400	13.000	40.000	53.000
11	60.000	17.000	18.000	54.000	72.500
12	73.000	20.000	21.000	63.000	85.000

§ IV. — Renseignements divers relatifs à l'installation des rectificateurs.

Pour installer un rectificateur, il est indispensable de savoir :

1o Ce qu'il emploiera de chevaux-vapeur pour son chauffage;

2o Ce qu'il lui faudra d'eau froide par heure pour la condensation et la réfrigération des vapeurs.

Nos lecteurs trouveront ces renseignements dans le tableau suivant :

---

(1) Au moment où nous publions cette notice, une hausse importante sur les métaux nous force à modifier ces prix de 15 à 20 p. 0/0.

Puissance de chauffage et de réfrigération pour les rectificateurs.

NUMÉROS des DIMENSIONS	CHEVAUX-VAPEUR PRIS A 1 MÈTRE 45 DE SURFACE DE CHAUFFE PAR CHEVAL	VOLUME D'EAU FROIDE (A 12 DEGRÉS CENTIGRADES) DÉPENSÉ PAR HEURE
1	5 chevaux.	1.200 litres.
2	7 »	1.600 »
3	12 »	2.800 »
4	16 »	3.300 »
5	22 »	5.600 »
6	24 »	6.300 »
7	30 »	7.800 »
8	40 »	10.000 »
9	55 »	15.000 »
10	75 »	21.500 »

La quantité de chevaux-vapeur ainsi que les volumes d'eau du tableau ci-dessus sont un peu forcés ; mais il vaut toujours mieux avoir plus de puissance.

La consommation de charbon par hectolitre d'alcool fin à 90° est, dans les usines installées par nous dans les environs de Paris, de 38 à 40 kilogrammes, y compris la force mécanique nécessaire pour élever l'eau froide.

La dépense d'eau de nos rectificateurs est de 15 litres par litre d'alcool écoulé à l'éprouvette. Cette dépense est constante, si l'on emploie l'eau d'un puits qui est toujours à la température de 12 degrés centigrades. Si, au contraire, on emploie de l'eau de rivière très froide en hiver et chaude en été, la dépense d'eau par litre d'alcool varie de 6 à 20 litres par litre de produit écoulé à l'éprouvette.

Dans les localités élevées où l'eau est rare, nous employons pour les rectificateurs constamment la même eau, en la laissant refroidir la nuit dans des bassins creusés dans le sol.

Sur le littoral de la Méditerranée, en Espagne notamment, nous avons fait employer par nos clients l'eau de mer pour condenser et réfrigérer l'alcool ; ils s'en trouvent très-bien.

Une des conditions essentielles de bonne marche de ces appareils, est de tenir en parfait état de propreté les surfaces de condensation et celles de réfrigération ; nous avons, à cet effet, établi une brosse spéciale en caoutchouc ; cette brosse se fixe à une tringle en fer, qui traverse complétement les tubes du condenseur et ceux du réfrigérant ; car, il est très-essentiel de ne pas négliger les tubes de ce dernier, qui se chargent parfois de limon amené par l'eau.

§ V. — **Nouvelle éprouvette jauge, système unique.**

Parmi nos récentes innovations, l'éprouvette jauge, dont nous allons entretenir le lecteur, est un des accessoires dont l'importance ne lui échappera pas. Nous l'appliquons non-seulement aux appareils de rectification, mais aussi aux colonnes distillatoires en fonte et en cuivre que nous construisons.

Par sa disposition, elle indique d'une manière exacte la quantité d'alcool que, par heure, peut produire l'appareil, si le travail est fait avec régularité, avantage très-important pour les chefs d'usines qui, de cette manière contrôlent facilement l'ouvrier chargé de cette opération.

Le principe de sa construction est basé sur l'écoulement différentiel des liquides par un orifice donné, soumis à des pressions différentes ; nous avons combiné depuis peu une nouvelle disposition pour cette éprouvette, et nous allons décrire ces modifications qui ont leur importance ; car elles ajoutent à nos appareils déjà si dociles à conduire, un nouveau perfectionnement qui simplifie encore leur surveillance.

La figure 31 représente cette éprouvette dont voici la légende :

B. — Tuyau des alcools arrivant du réfrigérant.
C. — Tubulure en cuivre, munie d'un robinet de dégustation.
D. — Robinet de dégustation.
E. — Éprouvette en cristal, munie de son tube gradué.
F. — Orifice d'écoulement des alcools.

G. — Réservoir de distribution.

H. — Robinet d'écoulement des alcools mauvais goût, adapté à la partie infé rieure du réservoir G.

I. — Robinet des alcools secondaires.

J. — Robinet des alcools de bon goût.

L. — Plateau-réservoir supportant l'éprouvette, la garantissant et servant de réceptacle à l'alcool, dans le cas où elle serait brisée.

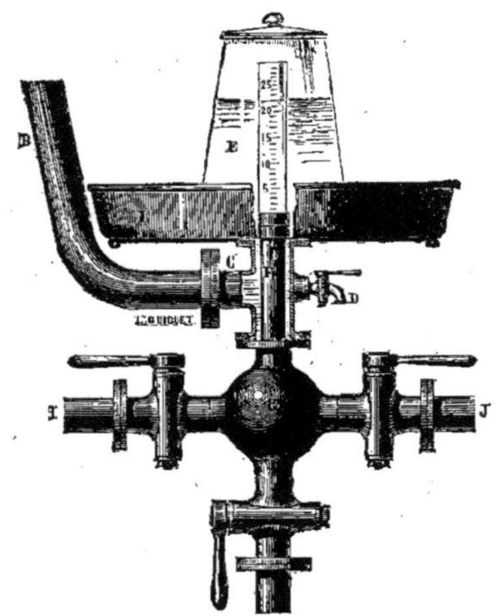

Fig. 31. — Nouvelle éprouvette jauge, système Savalle.

Voici maintenant le fonctionnement de l'éprouvette. L'alcool, arrivant du réfrigérant par le tube B, emplit d'abord la tubulure C, autour du tube gradué F, baigne le petit robinet de dégustation D et monte, pour se déverser graduellement, par l'orifice d'écoulement pratiqué en F sur le tube gradué. Cet orifice est fixe et se trouve une fois pour toutes réglé à la mise en train de l'appareil n'ayant qu'une section d'ouverture restreinte, le jet d'alcool ne peut y passer en entier sans qu'une pression ne l'y oblige.

Le niveau du liquide s'élève alors dans l'éprouvette jusqu'au point où la pression qu'il opère sur l'orifice d'écoulement devient assez forte pour faire débiter à l'orifice le volume d'alcool qui arrive. La nappe du liquide dans l'éprouvette subit ainsi des variations de niveau constatées par une graduation, dont chaque division correspond à un volume différent et indique la quantité de liquide écoulée par heure.

Les alcools se rendent de l'éprouvette dans un réservoir de distribution G, muni de trois robinets. Le robinet H communique au réservoir qui doit contenir les alcools mauvais goût ; le robinet I sert d'écoulement au réservoir des alcools secondaires ; le robinet J donne accès aux alcools bon goût. L'on remarquera que la répartition de ces trois robinets est disposée de telle sorte que s'il s'échappait la plus petite quantité d'alcools mauvais goût, à la fin d'une opération, ils iraient tomber au fond de la boule G, pour se rendre de là par le robinet H au réservoir mauvais goût.

Les perfectionnements que nous avons apportés dans la construction de cette éprouvette sont réels.

Par la figure représentant cette éprouvette, l'on voit que l'alcool y arrive par la partie inférieure, sans secousses, uniformément, au lieu d'entrer par le couvercle ; cela évite une ouverture que nous étions forcés d'y pratiquer, et cela permet désormais de clore hermétiquement l'éprouvette ; toute évaporation d'alcool n'est pas à craindre. Elle a en outre le mérite d'être moins coûteuse que sa devancière, par suite de sa disposition nouvelle.

Le robinet de dégustation, le plateau-réservoir protégeant l'éprouvette, la distribution des différentes qualités des produits, sont des modifications qui ne devront échapper à personne ; nous pouvons dire que notre éprouvette est arrivée à son point de perfectionnement, et elle rend de véritables services dans les distilleries et usines de rectification récemment installées où elle est montée.

Un seul point reste à indiquer aux distillateurs et rectificateurs, qui nous feront la demande de cette nouvelle éprouvette, pour éviter d'être obligés de leur envoyer un de nos employés pour la régler une première fois. Ce point est le mode de détermination de l'ouverture qu'il faut donner à l'orifice d'écoulement F, pour chaque appareil différent recevant l'application de cette éprouvette.

L'observation indique que pour un débit de 100 litres à l'heure, l'ouverture de l'orifice d'écoulement représente 15 millimètres carrés ; on calculera facilement, d'après cette donnée, l'ouverture

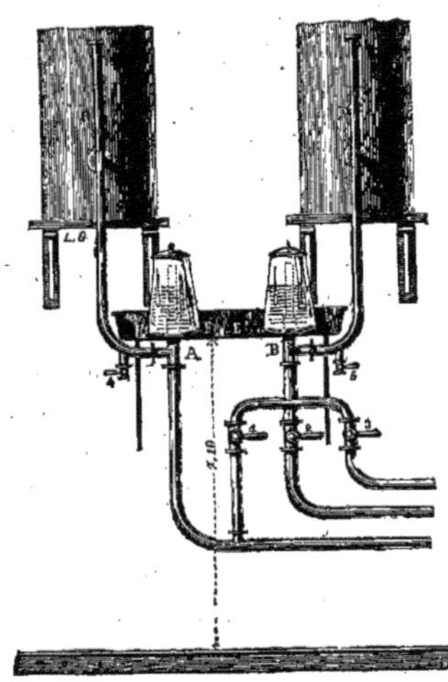

Fig. 32. — Élévation de la table à éprouvettes.

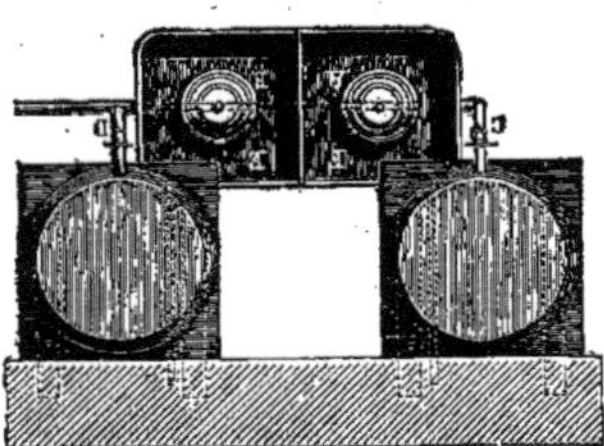

Fig. 33. — Vue en plan de la table à éprouvettes.

d'écoulement à fixer pour chacun des appareils auxquels on appliquera l'éprouvette.

Cependant, cette proportion ne peut servir que d'approximation, par la difficulté qui existe à établir avec précision des orifices d'une si faible dimension.

Il faut donc établir le trou rond dans le tube F d'une section inférieure à cette proportion ; il faut l'agrandir [petit à petit pour arriver à la section voulue, sans la dépasser, car ce serait un travail à recommencer.

L'éprouvette ainsi réglée, on voit immédiatement si l'appareil s'emporte ou ralentit ; dans le premier cas, le niveau du liquide montera en débordant par le haut du tube F ; dans le second, la nappe du liquide descendra de un ou plusieurs chiffres de la graduation.

Pour régler l'éprouvette, il faut tenir compte de deux conditions essentielles. La première, exige que le réservoir d'eau de condensation soit toujours plein, et son niveau maintenu constant par un tube trop-plein qui fonctionne sans interruption, et cela afin d'avoir une condensation toujours égale.

La seconde condition demande que le distillateur ouvre le robinet d'eau de condensation exactement au point requis pour le bon onctionnement de l'appareil.

Nous observerons que les effets produits par l'agrandissement de la section d'écoulement de l'alcool ne sont pas immédiats, qu'il faut quelques minutes pour en observer le résultat. Par conséquent, il faut agir petit à petit, et rester au moins 20 minutes à chercher le point de régularité demandée, de manière à se rendre compte des effets de chaque agrandissement de l'ouverture d'écoulement ; sans cela on dépasserait le point voulu, cas dans lequel on se verrait forcé de recommencer le travail en bouchant partiellement l'ouverture d'écoulement pratiquée en F.

Nous ferons encore remarquer que la moindre fluctuation qui aurait lieu dans l'alimentation d'eau de condensation, s'aperçoit immédiatement ; quand elle ne durerait qu'un instant, l'éprouvette l'indique et permet aussitôt de porter remède à ce mal passager.

Les figures 32 et 33 représentent un ensemble de ces éprouvettes, dont l'une A sert à l'écoulement des flegmes, et l'autre B à celui des alcools provenant du rectificateur.

Nous avons fait construire depuis peu, par un habile fabricant d'instruments de précision, un nouvel alcoomètre, dont la tige restreinte s'adapte avec aisance à notre nouvelle éprouvette. Les degrés de son échelle commencent à 70°, pour finir à 100, et ces degrés sont indiqués de manière à pouvoir les reconnaître très-facilement. Ce nouvel alcoomètre est d'une longueur d'environ 14 centimètres, tient peu de place et est moins susceptible de se briser. Nous en ferons l'envoi aux personnes désireuses de s'en servir.

§ VI. — Saturation des acides contenus dans les flegmes.

Depuis des années nous avions enseigné à nos clients l'emploi d'une certaine dose de *Potasse Perlasse* dans les flegmes avant leur rectification. Ce procédé donnait généralement de bons résultats ; parfois cependant, les résultats étaient négatifs. Après avoir étudié minutieusement ce travail, nous sommes arrivés à déterminer *que tous les flegmes ou alcools bruts contiennent, suivant leur provenance, des quantités d'acide différentes, et que non-seulement ces proportions d'acide diffèrent avec la provenance, mais encore que, dans une même usine, opérant toujours sur le même produit et fermentant de la même manière, les quantités d'acide contenues dans les flegmes diffèrent d'un jour à l'autre dans de grandes proportions.*

Nous en avons conclu que les doses de *potasse perlasse* à employer pour saturer ces acides doivent varier constamment, et que pour obtenir un bon travail, il fallait constater d'abord exactement l'acidité de flegmes pour les saturer à point.

Nous avons ainsi créé *une nouvelle méthode, qui donne d'excellents résultats et dont nous nous sommes reservés la propriété par un brevet afin que nos clients seuls en aient la jouissance.* Nous leur réservons l'explication du procédé, et nous leur procurons sur leur demande les instruments nécessaires à l'opération. Ces instruments sont du reste très-simples, il est facile de s'en servir, et leur prix est peu élevé.

Voici les résultats assez intéressants que nous avons obtenus en constatant quelle est la quantité de perlasse nécessaire à saturer les acides contenues dans des alcools de diverses provenances.

    ''cool de mélasses à 60 degrés   43   grammes par hectolitre
    —   garances à 75 —   6   —   —   —
    —   grains   à 53 —   95
    —   de raisin marcs à 86 —   20   —   —
    —   fécule de pommes de terre à 50 degrés, 86 gr. par hectol.
    —   maïs   à 60 degrés   75 grammes par hectolitre
    —   betteraves 50 —   18 —   —   —
    —   genièvre de Schiedam 85 grammes par hectolitre
    —   eau-de-vie de cidre 155 grammes par hectolitre
    —   3/6 Montpellier (non rectifié) à 86 degrés 41 gr. par hect.
    —   alcool de Lichen de Norvège 22 grammes par hectolitre.
    —   eau-de-vie de la Rochelle 56 grammes par hectolitres.

Ces résultats prouvent que *tous les alcools, non rectifiés, de quelque provenance qu'ils soient*, sont plus ou moins chargés d'acides en continuant nos recherches, nous avons trouvé que, pour un même alcool, ces quantités d'acide sont essentiellement variables.

La *potasse perlasse* est le saturant que nous employons de préférence, on peut cependant le remplacer par d'autres produits tels que le carbonate de chaux, blanc d'Espagne bien lavé, la soude etc. L'essentiel est toujours de n'en additionner aux flegmes que la quantité nécessaire à la saturation exacte des acides.

On nous a objecté que cette saturation des alcools bruts, constituait une dépense, c'est vrai; mais elle est largement payée par la qualité supérieure de l'alcool obtenue et par la différence de dépense de combustible qui résulte d'une production moins grande d'alcools inférieurs à retravailler.

§ VII. — Conduite de la rectification.

Cette opération très-délicate exigeait avec les anciens appareils, de la part de l'opérateur, une attention très-soutenue.

Notre appareil a vaincu, par sa docilité, cette surveillance de chaque instant, qui ne laissait pas que de beaucoup fatiguer l'ouvrier chargé de ce travail ; effectivement, les anciens appareils, non munis d'un régulateur, précieux guide, souvent mal construits; abandonnés à eux-mêmes, ne peuvent fonctionner qu'imparfaitement.

Voici les points principaux à observer dans la mise en train de notre rectificateur :

1° SATURATION.

On charge la chaudière A. de flegmes de 40 à 50°, — saturés à la potasse perlasse, comme nous l'avons indiqué au chapitre précédent. — Si l'on met des flegmes à un degré supérieur à 50 ou si le degré du liquide chargé dans la chaudière est élevé par l'addition d'alcool demi-fin, provenant d'un travail antérieur ; il faudra y ajouter de l'eau pour arriver au degré indiqué variant de 40 à 50° degrés au plus.

2° CHAUFFAGE.

Pour chauffer l'appareil, on ouvre d'abord le robinet de purge n° 4, puis celui de vapeur, en plein, pour chauffer promptement les flegmes.

3° ÉBULLITION.

Quand le contenu de la chaudière A est en ébullition, on ferme à moitié le robinet de vapeur, afin de purger sans soubresaut l'air contenu dans la colonne puis on ouvre en plein le robinet d'eau de condensation n° 4.

4° CHARGEMENT DES PLATEAUX DE LA COLONNE.

Les vapeurs alcooliques sont alors condensées en C, et retournent à l'état liquide par le tuyau H, garnir successivement tous les plateaux de la colonne B ; on reconnaît que les plateaux de celle-ci sont suffisamment garnis par le régulateur de vapeur qui à ce moment fonctionne.

Il se passe environ trente-cinq minutes, pendant lesquelles, la pression monte graduellement dans le tube indicateur du régulateur ; cette pression est la représentation des couches successives d'alcool qui viennent garnir les plateaux de la colonne.

5° Production de l'alcool a l'éprouvette.

Dès que tous les plateaux sont garnis d'alcool, on diminue l'arrivée de l'eau froide dans le condensateur C, de manière à ne plus condenser que les 2/3 de la vapeur arrivant dans le condensateur; l'autre tiers se rend dans le réfrigérant D, et de là dans l'éprouvette.

6° Fractionnemeńt des produits.

Les premiers produits sont à 94° très-éthériques, d'une odeur âcre forte, et généralement d'une couleur verte. — On les laisse aller au réservoir à mauvais goût, aussi longtemps qu'ils sont imprégnés de cette odeur piquante — on obtient ainsi environ 3 0/0 du produit mis en travail. Ensuite l'alcool s'épure graduellement, il est d'une qualité supérieure au premier et se mélange aux alcools bruts de l'opération du lendemain ; après commence, par le fractionnement, le 3/6 bon goût qui se reconnaît par sa neutralité, sa douceur et sa limpidité; il se continue presque jusqu'à la fin de l'opération.

7° Indication de la fin de l'opération.

Quand le thermomètre posé sur le dôme O, marque 99 à 100 degrés de température, on déguste le produit à l'éprouvette F, et on le fractionne en le renvoyant au réservoir à alcool demi-fin aussitôt que l'on observe que sa qualité diminue.

8° Condensation des huiles a la fin du travail.

Puis, aussitôt que le thermomètre arrive à 101 degrés, on fait cesser la production de l'alcool à l'éprouvette F, en ouvrant en grand le robinet d'eau de condensation n° 4. — Cette condensation a pour effet, de maintenir l'alcool à fort degré dans le condensateur C. Et dans la partie supérieure de la colonne, pour empêcher ces parties de l'appareil de s'imprégner d'huiles essentielles.

9° VIDANGE DES HUILES ET FIN DU TRAVAIL.

Enfin, quand le thermomètre marque 102 degrés, le liquide contenu dans celle-ci est épuisé d'alcool. On ouvre alors le robinet n° 3 de vidange des eaux de la chaudière ; puis on tourne le robinet à trois eaux, posé sur la partie cylindrique de la chaudière située derrière l'appareil, pour mettre en communication la colonne et le réservoir aux huiles. Enfin on ferme immédiatement après le robinet de vapeur qui chauffait l'appareil comme la pression n'est plus maintenue dans la colonne B, les plateaux se vident successivement de haut en bas sur le plateau inférieur qui communique au réservoir à mauvais goût par un robinet à trois eaux ; à cette période de l'opération, les plateaux de la colonne ne contiennent plus que des huiles essentielles et de l'alcool mauvais goût ; on les envoie dans le réservoir où l'on a logé les produits éthérés au début de l'opération.

Par notre système de déchargement des plateaux de colonne, les huiles essentielles ne viennent jamais salir le condenseur ni le réfrigérant de l'appareil ; elles restent dans les plateaux inférieurs de l'appareil, et ces derniers se trouvent nettoyés par le peu d'alcool, à fort degré, qui tombe des plateaux supérieurs.

En admettant, ainsi que nous l'avons dit plus haut, que la chaudière soit chargée de flegmes à 50°, l'opération commence dès que le liquide atteint 85°, et elle est terminée dès que la température s'élève à 102° ; c'est-à-dire qu'il ne reste plus d'alcool dans l'eau contenue dans la chaudière. Ces constatations se font au moyen d'un thermomètre spécial construit pour les appareils Savalle.

M. Réné Collette, notre client des Moëres françaises, qui s'est beaucoup occupé de l'électricité, nous a fait établir nn thermomètre électrique qni lui indique dans son bureau le moment où les distillateurs doivent, à la fin du travail, fractionner les produits. Certains détails de construction de ce thermomètre restent à perfectionner, avant d'en généraliser l'usage chez nos clients ; mais déjà, celui établi aux Moëres donne d'excellents résultats (1).

Notre rectificateur produit des alcools ne pesant pas moins de 96 à 97 degrés. Le régulateur de vapeur, qui est une de ses parties essentielles, en rend la marche parfaitement régulière et facile à surveiller, et il contribue ainsi à la bonne qualité des produits.

L'éprouvette (fig. 32, page 148), qui est munie d'un thermomètre et d'un aréomètre, indique en même temps au distillateur la température, le degré, la vitesse d'écoulement de l'alcool rectifié, et elle le prévient du moment où il doit goûter, afin d'en opérer le fractionnement.

Nos appareils sont très-bien construits, d'un nettoyage facile, d'une marche sûre et parfaitement régulière.

§ VIII. — **Frais pour rectifier un hectolitre d'alcool.**

On nous demande souvent ce que dépensent les usines de rec-tification montées par notre maison, pour la rectification de leurs alcools. Voici ce renseignement.

Les frais pour produire la rectification, par nos appareils, de *cent* litres de 3/6, sont évalués à 3 fr. 75 c. dans les petites usines et à 3 francs seulement dans les grandes.

Dans une usine produisant par jour 2,000 litres de 3/6 fin, les frais se répartissent comme suit :

Par hectolitre d'alcool fin.

Combustible 40 kilogr....................Fr.	1	»
Perte de 2 litres d'alcool brut...................	1	20
Main-d'œuvre..................................	1	»
Frais généraux, intérêts et amortissement.........	»	55
Total..........Fr.	3	75

(1) Nous sommes heureux de rendre ici à chacun ce qui lui revient, en disant que M. Réné Collette est un chercheur, qui, déjà, a réalisé des perfectionnements véritables dans l'ensemble du matériel de la distillerie. On lui doit, entre autre, d'avoir perfectionné la presse continue à rouleaux, formée d'un seul cylindre perméable central, avec des cylindres compresseurs multiples.

Ces frais sont encore diminués quand, au lieu de considérer un établissement créé spécialement en vue de la rectification des alcools, on considère cette opération faite dans une distillerie agricole et comme *complément du travail* de celle-ci.

Plusieurs grandes usines de rectification des environs de Paris, nous ont communiqué le chiffre moyen de la dépense de charbon pendant la campagne dernière. Cette dépense a été de 32 kilog. par hectolitre, pour les usines qui n'ont pas à élever l'eau de condensation ; elles achètent l'eau de Seine toute élevée. Cette dépense moyenne a été de 38 kilogrammes, soit six kilogrammes en plus par hectolitre d'alcool, pour celles qui ont une machine à vapeur et qui pompent elles-mêmes l'eau nécessaire à la condensation.

Pour créer un établissement de rectification des alcools de betteraves, de pommes de terre, de maïs dans le Nord, ou d'alcools de vins ou de marcs dans le midi de la France, il faut, suivant l'importance du travail, un matériel qui, très-complet, se compose des parties détaillées dans les devis insérés à la page 159. Le local pour ce matériel peut être très-restreint, et nous utilisons souvent des bâtiments existants dont on nous remet les dimensions, et que nous approprions au travail qu'on se propose d'exécuter.

§ IX. — Régulateur de condensation appliqué à régler automatiquement la production des rectificateurs.

Nous avons donné page 132 la description d'un régulateur de chauffage pour les appareils de distillation et pour ceux de rectification des alcools. Ce régulateur remplit son but dans la perfection ; aussi les ouvriers distillateurs n'ont-ils plus à s'occuper, dans la conduite des appareils, de l'alimentation de la chaleur. — Il leur reste la tâche d'alimenter convenablement dans les rectificateurs, l'eau de condensation ; il leur faut seulement une certaine habitude pour régler l'ouverture du robinet d'eau froide ; pour modifier cette ouverture dans le cas où le niveau d'eau change dans le réservoir d'eau; ou encore, dans le cas où, par des nuits froides, la température de l'eau vienne à s'abaisser, — c'est enfin une surveillance, et une surveillance intelligente qu'il est nécessaire d'avoir.

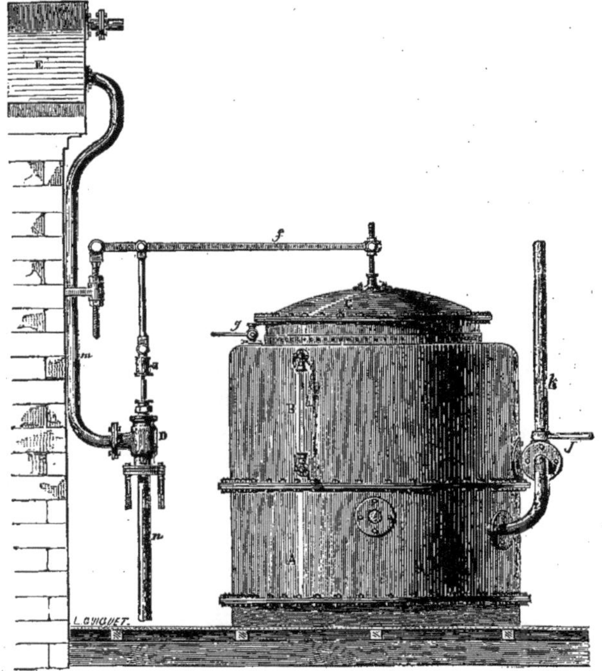

Fig. 33. — Régulateur de condensation de M. Désiré Savalle, fixant la production des rectificateurs.

L'écrivain et bien d'autres avant lui, ont pendant longtemps cherché le moyen de régler automatiquement la condensation. On espérait généralement arriver à résoudre le problème, au moyen d'un thermomètre spécial, établi en grand, de manière à actionner le robinet d'eau de condensation ; mais toutes les tentatives faites dans ce sens ont échoué. Le principe d'un bon régulateur de condensation n'était pas là, et ce n'est que dans ces derniers temps, en perfectionnant les appareils Savalle, que l'auteur est arrivé à établir à la fois, la force et la précision suffisantes au fonctionnement de ce nouveau genre de régulateur.

Cet appareil dont nous donnons l'ensemble, figure (35) rend de grands services; on arrive, par son application, à préciser d'une manière exacte le travail des rectificateur. On modifie à volonté la vitesse de production de l'alcool à l'éprouvette en modifiant la position d'attache du levier F, sur la tige d'actionnement et l'appareil continue alors, à donner à chaque opération la proportion de travail qu'on lui a assignée.

Ce régulateur de condensation procure *une notable économie de combustible dans la rectification des alcools*. En effet, lorsqu'on considère, que les rectificateurs fonctionnent à une pression constante, qu'ils dépensent par heure, et suivant la phase de l'opération, toujours la même quantité de charbon, et que dans certaines usines, ces opérations durent souvent un tiers, ou même le double du temps qu'il faudrait, il est clair, que par l'application du régulateur en question on arrivera à économiser 1/3 et même dans certaines usines, la moitié du combustible nécessité aujourd'hui par ce travail. Un rectificateur établi pour produire 600 litres d'alcool, dépense par opération de 20 heures de coulage, — environ 4,560 kilog. de charbon. Si l'on condense mal à propos, et que l'opération dure 30 heures on dépensera 2,280 kilog. de combustible en plus, et en pure perte.

Peu d'usines travaillent dans des conditions aussi mauvaises : il y en a cependant. Mais, toutes perdent chaque jour, une quantité plus ou moins grande de combustible car chaque heure de dépensé en trop dans une opération de rectification représente une perte de 1/20e de la quantité totale du combustible employé. Cette perte sera évitée par l'emploi du régulateur automatique de condensation.

La grande précision obtenue dans le travail simplifie en outre la tâche de l'ouvrier distillateur et contribue puissamment à la qualité de l'alcool. Les distilleries tireront un grand avantage de l'emploi de ce nouveau régulateur, qui fonctionne aux environs de Paris, et qui pourra être visité par nos clients munis d'une lettre d'introduction de notre part, auprès de MM. J. Chalon et Cie, distillateurs à Saint-Ouen-l'Aumône. — Nous sommes forcés de vendre ce régulateur de condensation en dehors et en plus du prix de nos appareils de rectification. Celui qui fonctionne à Saint-Ouen-l'Aumône est du prix de 3,500 francs ; nous établirons son prix suivant sa dimension, et nous y ajouterons une redevance de brevet modérée, pour le propager rapidement, et laisser le plus tôt possible aux propriétaires de distilleries les bénéfices résultant de son application.

§ X. — Devis approximatif du matériel complet d'une usine de rectification des alcools produisant, par 24 heures, de 2,000 à 2,400 litres de 3/6 fin, de 96 à 97 degrés.

1° Générateur de vapeur de douze chevaux :

Tôle, 3,000 kil. à 65 fr. . . . . . .Fr. 1,950		
Fonte, 1,000 — à 45 450	2.680	»
Accessoires, environ. 280		

2° Machine à vapeur :

Pompe à eau froide.		
Pompe alimentaire du générateur.	3.900	»
Pompe à 3/6 brut.		

3° Appareil de rectification n° 3, avec chaudière
en tôle . . . . 9.600 »

A reporter.... Fr. 16.180 »

Report..... Fr. 16.180 »

4° Réservoirs :

Un pour l'alcool brut, de 100 hectol., poids 1.850 kil.
Un pour les 3/6 fins, de 50 — — 1.030

Un pour l'eau froide, de 25 — — 375
Un pour l'eau chaude, de 15 — — 375

             3.630 kil.

  à 65 fr. les 100 kil., environ. . . . . 2.360 »

5° Tuyauterie et robinetterie des appareils de
l'usine, environ. . . . . 1.500 »

  Prix du matériel complet. . . . . . . Fr. 20.040 »

CHAPITRE DIXIÈME.

§ I. — Appareils Savalle dans les fabriques de produits chimiques. — Fabrication du Mithylène ou Esprit de bois.

Nos appareils s'appliquent très-avantageusement à différentes opérations chimiques : l'un des produits les plus remarquables obtenu par leur emploi est le mithylène. Ce produit est obtenu

> **1° — Parfaitement blanc**
> **2° — sans odeur**
> **3° — et anhydre de 99 à 100 degrés centésimaux.**

Ce sont trois qualités inconnues jusqu'ici au mithylène, par le motif que les anciens appareils ne sont jamais arrivés qu'à une purification relative de ce produit, et lui laissent une odeur infecte et nauséabonde.

La Société **Anonyme-Badische anilin ùnd soda Fabrik**, à Ludwischafen (Bavière Rhénane), emploie nos appareils à cette fabrication depuis plusieurs années, et livre le produit réellement remarquable dont nous venons de parler. — Cette Société nous a envoyé un échantillon de mithylène que nous tenons chez nous, (64, avenue du général Uhrich, à Paris) à la disposition des personnes que cette fabrication nouvelle intéresse.

§ II.—Appareil Savalle appliqué au fractionnement de benzols, pour la fabrication des couleurs d'aniline.

Il résulte de l'emploi de notre nouvel appareil appliqué au fractionnement des benzols :

1° L'OBTENTION DE PRODUITS BIEN PLUS PURS QUE CEUX CONNUS JUSQU'A PRÉSENT.

2° UNE ÉCONOMIE DE FABRICATION CONSIDÉRABLE, résultant de la séparation complète des produits qui ne donnent pas de couleur et pour lesquels on ne dépense plus inutilement d'acide nitrique.

Nous avons installé un premier appareil d'abord, puis un second appareil dans la grande fabrique d'aniline de Ludwischafen (en Bavière-Rhénane).

Ces appareils se chargent chacun de 100 quintaux de benzol brut ordinaire du commerce, et fournissent les produits suivants, parfaitement fractionnés.

L'opération débute à environ 76° de température et fournit

de   76° à   80°   3 quintaux *de produits non nitrifiables.*

de   81° à   84°   14 quintaux *de benzol pour aniline pure, propre à la fabrication de la méthylaniline.*

de   85° à   105°   55 quintaux *benzol pour aniline pour rouge, fuchsine d'un rendement supérieur de 30 °/₀ de couleur bien cristallisée.*

de   106° à   112°   12 quintaux *toluol pour toluidine destinée à la fabrication de la safranine.*

Les produits restant dans l'appareil sont redistillés à l'alambic simple jusqu'à 168 degrés ; ils fournissent les *benzols lourds* qui sont actuellement recherchés dans le commerce pour diverses fabrications.

L'appareil traitant 100 quintaux de benzol est un de nos petits numéros ; nous en avons de dix dimensions différentes, dont les plus forts peuvent opérer sur 1,000 quintaux de benzol à la fois.

Nous nous empresserons de donner les prix de ces appareils aux personnes qui nous en feront la demande.

§ III. — **Appareils Savalle installés dans des fabriques de produits chimiques**

NOMS DES INDUSTRIELS	DEMEURES	DÉPARTEMENTS	QUANTITÉS d'alcool pouvant être travaillées par jour	OBSERVATIONS ET RENSEIGNEMENTS
FRANCE				
Le Maire..................	Lyon			Fabricant de produits chimiques, rue S-P-de-Vaise.
BAVIÈRE-RHÉNANE				
Société anonyme Badische anilin und soda Fabrik.	Ludwigshafen...			Appareils appliqués à la fabrication du mithylène et au fractionnement des benzols pour les couleurs d'aniline.
2e appareil.............	—			
HOLLANDE				
J. et D. Twiss...........	Rotterdam......		2.000	Fabricant de garancine et d'alcool rectifié de garance.
Les mêmes, 2e colonne dist.	—		2.000	

CHAPITRE ONZIÈME.

Précautions à prendre dans les Distilleries.

Nos lecteurs voudront bien nous permettre de leur faire quelques recommandations utiles. On ne saurait trop répéter aux propriétaires, par exemple, d'être d'une sévérité excessive pour défendre l'emploi des lumières portatives dans les locaux des appareils, ainsi que dans les magasins où l'on garde les alcools. L'éclairage de ces locaux doit se faire par des lumières fixes posées dans des lanternes communiquant exclusivement au dehors.

Les accidents sont rares; mais quand un sinistre arrive, il est toujours affligeant de constater qu'il est survenu par imprudence ou incurie.

Nous allons aussi indiquer une précaution bonne à prendre pour essayer les appareils tous les trois mois, afin de s'assurer de leur état parfait et remédier aux pertes de temps causées par les démontages partiels.

Aujourd'hui une distillerie se monte. Elle a des appareils neufs, solides et étanches. Ils fonctionnent pendant un certain nombre d'années; ils passent même en différentes mains. Eh bien, il survient un moment où le matériel s'use et où, réellement, il est dangereux de s'en servir. Extérieurement, aucune défectuosité n'apparaît; mais à l'intérieur, il n'en est pas de même; car les métaux sont rongés et n'offrent plus une résistance suffisante. Le moyen de vérifier le bon état d'un rectificateur est très-simple; pour le mettre à exécution, peu de chose suffit. Il faut agir de la façon suivante: emplir d'eau froide la chaudière, mettre de l'eau dans la colonne jusqu'à deux ou trois mètres d'élévation. Les appareils sont ainsi soumis à une pression hydraulique supérieure à celle qu'ils ont à supporter pendant le travail. S'il existe chez eux une partie faible, immédiatement elle apparaîtra, et sans accident, car de l'eau froide seule jaillira.

Nous conseillons aux distillateurs non-seulement de faire subir cette épreuve si simple aux anciens appareils, mais encore de la répéter tous les trois mois dans les usines neuves.

C'est l'affaire de quelques heures ; elle n'entraîne aucun frais et elle a l'avantage énorme de garantir une marche régulière et à l'abri de tout accident.

Un de nos bons clients, M. Alfred Billet, distillateur à Cantin, près Douai, a créé et appliqué chez lui un système de sifflets d'alarme (fig. 36 et 37), que nous voudrions voir employé dans toutes les distilleries.

Ce sifflet d'alarme fonctionne quand la pompe à eau vient à manquer et quand le réservoir d'eau se vide à plus de moitié.

Le surveillant des appareils est averti et le contre-maître d'usine aussi ; on évite ainsi d'incendier les usines par le manque d'eau et la vapeur alcoolique qui peut se répandre dans le local des appareils ; il est vrai que ce danger n'est à redouter que la nuit, et quand accidentellement l'ouvrier distillateur s'endort ; mais le cas s'est présenté à Étreux, près Valenciennes, et le distillateur a été victime de son sommeil.

Les précautions sont toujours bonnes à prendre, nous engageons donc nos clients à voir M. Billet pour appliquer chez eux son *flotteur avertisseur*, — dont nous indiquons ci-dessous la disposition.

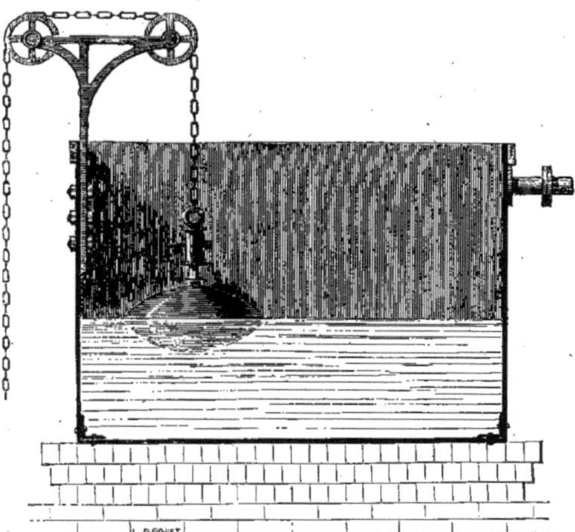

Fig. 35. Réservoir d'eau froide alimentant les appareils.

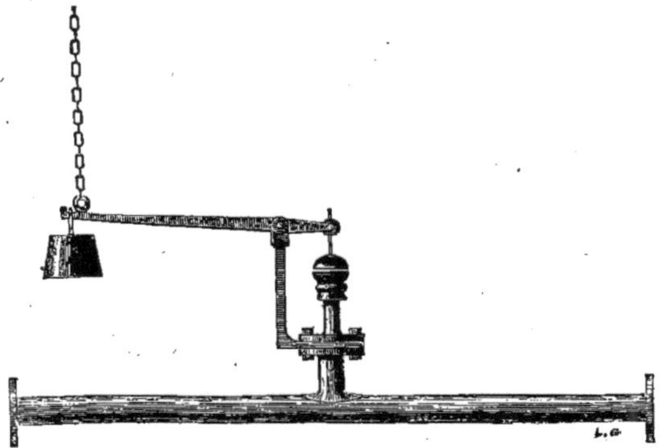

Fig. 36. Sifflet posé sur la conduite de vapeur et actionné par le flotteur posé dans le réservoir d'eau.

CHAPITRE DOUZIEME.

Conclusions.

Nous devons ajouter à ces renseignements que pour les distilleries situées à l'étranger, et pour celles de France qui nous en feraient la demande, *nous procurons des hommes parfaitement au courant de la mise en train de nos appareils;* nous en procurons aussi pour la mise en train de toutes les distilleries de betteraves que nous montons; ces derniers connaissent à fond la macération et la fermentation.

Nous nous chargeons de la fourniture du plan général de toutes les distilleries où l'on voudra employer nos appareils, soit pour distiller les betteraves, les mélasses, les grains, les vins, ou toutes autres matières. Nous établirons ces plans appropriés aux locaux dont on pourrait disposer.

Désireux de répondre aux besoins de l'agriculture et de l'industrie, et de faciliter l'acquisition d'un outillage devenu indispensable par les luttes de la concurrence, nous serons toujours disposés à accorder à nos clients toutes les facilités raisonnables.

Nous pourrions mettre sous les yeux de nos lecteurs les nombreuses attestations que nous adressent nos clients pour nous exprimer leur satisfaction ; mais la lecture de ces documents précieux serait fatiguante, et nous nous contentons d'en extraire les quatre suivants, émanant d'hommes considérables, qui ont acquis une juste réputation dans les branches diverses de la distillation industrielle, de la distillation agricole et de la distillation vinicole. La première de ces lettres est écrite par M. Léon Crespel, propriétaire d'une des plus fortes usines du Nord, qui travaille par campagne 25 millions de kilogrammes de betteraves. Cette usine possède deux rectificateurs de notre système.

« Quesnoy-sur-Deule, près Lille (Nord), le 16 novembre 1869.

» *MM. D. Savalle fils et C*^{ie}*, à Paris.*

» L'appareil à rectifier avec colonne de 1^{m}05 que vous nous avez fourni cette année marche admirablement bien et nous en sommes très-contents; il nous donne, et au delà, les quantités annoncées dans notre marché. Une heure après la mise en marche, nous obtenions, à la première opération, des alcools extra-fins, et depuis nous avons toujours fabriqué des alcools qui sont recherchés sur les places de Paris et Lille.

» Vous pourrez dire à toutes personnes désireuses de voir fonctionner votre appareil qu'elles ont porte ouverte chez nous, quand elles vondront, et elles pourront alors s'assurer elles-mêmes de la vérité, et se convaincront que votre appareil est admirable, tant par la grande production que par la qualité et la régularité dans la marche.

» Agréez, Messieurs, nos salutations amicales.

» Léon CRESPÈL et Cie. »

La seconde attestation que nous voulons faire connaître à nos lecteurs nous a été écrite par M. Durand, habile agriculteur et maire de son pays :

« Bornel, le 3 novembre 1868.

» *A MM. D. Savalle fils et C*^{ie}*, avenue de l'Impératrice, à Paris.*

» Je me fais un plaisir de vous informer que les deux appareils à rectifier que vous avez montés chez moi, le premier à Ivry-le-Temple, en 1867; le second à Bornel, en 1868, fonctionnent parfaitement et qu'ils ne laissent rien à désirer. Les 3/6 que nous en obtenons sont excellents. Le procédé de neutralisation des acides que vous nous avez indiqué réussit très-bien. Enfin, je suis très-satisfait de votre distributeur de betteraves dans les macéra-

‹teurs ; il économise un homme, tout en faisant l'ouvrage infiniment mieux. En effet, la cossette est déposée avec une légèreté
que la main de l'ouvrier le plus habile ne saurait remplacer. Je
vous autorise à faire tel emploi que vous jugerez convenable de
cette attestation.

> » Veuillez agréez, etc.

> » DURAND,
>
> » Cultivateur à Bornel et à Ivry-le-Temple, par Méru (Oise). »

La troisième est l'extrait textuel du rapport fait à l'Assemblée
générale des actionnaires de la Société anonyme *Actien-Fabrikshof*,
à Temeswar (Hongrie).

> » Zu diesem günstigen Ergebnisse trug nicht wenig der von uns
— in Ausfübrung einer diesfælligen Bestimmung der Statuten —
in den letzten Tagen des Monates Juni in Betrieb gesetzte Spiri-
tus-Rectificir-Apparat bei. Nach genauer Erwægung aller Um-
stænde, welche hier in Betracht kommen, haben wir uns dafür
entschieden, den genannten Apparat aus dem berühmten Etablis-
sement D. Savalle fils et Cᵒ in Paris zu beziehen, und mit Befrie-
digung kœnnen wir Ihnen mittheilen, dass únsere Erwartungen
in jeder Hinsicht erfüllt wurden, indem wir nicht nur einen hier
unübertroffenen hochfeinen Spirit erzeugen, der sich bereits den
Beifall aller Kenner erworben hat, sondern es entspricht auch die
Ausbeute den Anforderungen, die man an einen derartigen Apparat knüpfen kann. »

La quatrième émane d'un grand propriétaire et industriel d'Espagne. Elle a été adressée à M. Saavedra, banquier à Paris, qui
a bien voulu nous la communiquer, et nous en extrayons le passage suivant :

« Albaceto (Espagne), janvier 1869.

» .... Dites à MM. Savalle et Cie que leur appareil est merveilleux, et que tous les industriels de notre pays sont en admiration devant les résultats qu'il donne. Je suis certain qu'ils en placeront beaucoup en Espagne ; car, de tous les côtés, on accourt pour le voir fonctionner....

» Joaquin de LA GANDARA,
»Directeur du chemin de fer de Saragosse. »

Ces attestations, qui nous parviennent de pays différents, parlent assez haut en notre faveur, pour que nous n'ayons pas besoin d'ajouter de nouveaux commentaires à ces faits que nous enregistrons avec une légitime satisfaction.

TABLE DES MATIÈRES

TABLE DES GRAVURES

LIBRAIRIE DE G. MASSON, 17, PLACE DE L'ÉCOLE-DE-MÉDECINE, A PARIS.

JOURNAL DE L'AGRICULTURE

DE LA FERME ET DES MAISONS DE CAMPAGNE

DE L'HORTICULTURE

DE L'ÉCONOMIE RURALE ET DES INTÉRÊTS DE LA PROPRIÉTÉ

FONDÉ ET DIRIGÉ

PAR J.-A. BARRAL

Secrétaire perpétuel de la Société centrale d'agriculture de France.

LE JOURNAL DE L'AGRICULTURE

PARAIT TOUS LES **SAMEDIS** EN UN NUMÉRO DE 52 PAGES.

Il forme par trimestre un volume de 500 à 600 pages, avec de nombreuses planches et gravures.

PRIX D'ABONNEMENT :

	UN AN.	6 MOIS.	3 MOIS.		UN AN.	6 MOIS.	3 MOIS.
FRANCE	20.00	11.00	6.00	Grèce, Turquie, Égypte, Colonies françaises.	29.00	15.50	8.25
Belgique, Luxembourg Italie, Suisse	23.00	12.50	6.75	Russie, Suède.	30.00	16.00	8.50
Angleterre, Espagne, Pays-Bas.	25.00	13.50	7.25	Roumanie, États-Unis, Colonies anglaises et espagnoles, Brésil, Amérique du Sud.	32.00	17.00	9.00
Allemagne, Autriche, Danemark, Portugal.	27.00	14.50	7.75	Norvége.	35.00	18.50	9.75

Un numéro, 50 centimes

Les abonnements partent du commencement de chaque trimestre.

D. SAVALLE FILS ET Cie

CONSTRUCTEURS DE MATÉRIEL DE DISTILLERIE

64, avenue du Général Uhrich,

PARIS

9 782019 150976